家居装修
从入门到精通

张晨嘉◎编著

设计篇

北京时代华文书局

图书在版编目（CIP）数据

家居装修从入门到精通. 设计篇 / 张晨嘉编著. --
北京 ： 北京时代华文书局，2021.7
ISBN 978-7-5699-4214-9

Ⅰ．①家… Ⅱ．①张… Ⅲ．①住宅－室内装修－建筑
设计 Ⅳ．①TU767

中国版本图书馆 CIP 数据核字（2021）第 104587 号

家居装修从入门到精通 设计篇
JIAJU ZHUANGXIU CONG RUMEN DAO JINGTONG SHEJI PIAN

编　　著｜张晨嘉

出 版 人｜陈　涛
选题策划｜王　生
责任编辑｜周连杰
封面设计｜刘　艳
责任印制｜刘　银

出版发行｜北京时代华文书局 http://www.bjsdsj.com.cn
　　　　　北京市东城区安定门外大街136号皇城国际大厦A座8楼
　　　　　邮编： 100011　电话： 010-64267955　64267677
印　　刷｜三河市祥达印刷包装有限公司　　电话：0316-3656589
　　　　　（如发现印装质量问题，请与印刷厂联系调换）
开　　本｜710mm×1000mm　1/16　印　张｜12　字　数｜186千字
版　　次｜2022 年 1 月第 1 版　　印　次｜2022 年 1 月第 1 次印刷
书　　号｜ISBN 978-7-5699-4214-9
定　　价｜168.00元（全 3 册）

前　言

房子是什么？

从其本质上来说，房子是水泥、砂石、砖瓦、钢筋等砌成的一个建筑物，是人们遮风挡雨、取暖避寒、吃饭睡觉的场所。

然而，这样的定义已经与现代人们的生活追求、生活方式、生活理念格格不入。

从心理学家亚伯拉罕·马斯洛提出的人的五个基本需求层次来说，房子不仅是满足人们基本的休息取暖等生理需求的场所，更是满足人们获得安全感、招待亲朋好友、彰显生活品质等安全需求、社交需求、尊重需求以及自我实现需求的寄托。

问题是，如何才能让本就没有感情且冰冷的房子实现人们的诸多愿望呢？

答案便是融合了社会学、心理学、建筑学、设计学、环境学等多种学科的家居装修设计。只有好的设计，才能满足人们对于室内环境的要求，才能同时满足人们生理与心理双层面的需求。

遗憾的是，很多人对家居装修设计不了解甚至是零接触，不得不把所有的希望与需求都寄托在了一张效果图上，然而最终结果往往与效果图相差甚远。

好的家具装修设计犹如一部有血有肉的剧本，按照剧本的故事情节进行演绎，为没有生命力的房子注入生机，为没有温度的房子营造温馨氛围，为阴暗湿冷的房子带来光明。

于是，本书从一座房屋拥有的基本空间入手，对客厅、卧室、厨房、餐厅、卫浴、儿童房、阳台如何装修设计进行了全面、详细地讲解。

本书不仅讲述了如何在家居装修设计之前做足准备工作，而且从家居装修设计的概念到家居装修设计的未来发展趋势都为读者进行了概述，让读者既能了解家居装修设计相关的专业知识，也能有效规避三五年后就要翻修的陷阱。

本书不仅讲述了主流家居装修设计的风格，而且针对每种主流风格剖析了其应该如何布局空间，如何搭配色彩，如何点缀装饰等，让读者既能掌握不同风格所对应的户型，也能认识什么样的风格适合什么样的人群。

本书不仅讲述了客厅、卧室、厨房、餐厅、卫浴、儿童房、阳台装修设计的重要性，而且针对每个空间如何合理化运用，如何让色彩影响人们的情绪、心理，如何设计光源营造轻松感，如何通过装饰展现美的环境等方面进行了阐述。读者阅读本书会明白，装修设计并不是越奢华越好，质朴、简约的设计也是一种美。

本书可以作为新房装修设计的指南，也可以作为老房重装的引导；可以为家居装修设计小白提供参考，也可以为想要加入家居装修设计行业的设计师提供补给。总之，所有对家居装修设计感兴趣的人都可以翻阅本书，它就像一架梯子，可以帮助每一个读者一步步向上攀登，让每一个读者了解家居装修设计的知识、方法和技巧。

第一章　家居装修设计需要做的功课

第二章　家居装修设计的主流风格

第六章　卫浴装修设计：干湿分离，各司其职

第七章　餐厅装修设计：在惬意中享受美食

第八章　儿童房装修设计：以"成长性"为主

第九章 阳台装修设计：小空间，大规划

第一章

家居装修设计需要做的功课

　　家居装修设计与人们的生活品质形成了一种正比关系，越来越受到人们的重视，很多人会在家居装修上耗费大量的金钱、时间和精力。

　　然而，任何形式的装修设计都应该以服务于人为目的。所以，房主在装修之前必须做一些功课，了解一些必要的装修设计知识，以免最终的装修设计背离了"服务于人"的核心目标，失去了使用价值和享受价值。

第一节　家居装修设计的概念

在讲述家居装修设计的概念之前，大家不妨先以自己的认知思考一个问题：装修等于设计吗？或许很多人会误认为装修就是设计，设计就是装修，因为无论装修还是设计，不外乎让房子变得更漂亮、更舒适。

其实，这种认知是错误的。如果说装修等于设计，那么也就是说"工长"等于"设计师"，而由工长随便拼凑的一些装修效果图就是家居装修设计。

问题是，这样的家居装修设计你会采用吗？答案是否定的。

真正的家居装修设计绝不是工长带领几个工人改水电、刷大白等，而是基于人体工学，通过硬装设计、材质搭配等满足人们对于功能性空间需求的同时，通过软装设计、色彩设计、灯光设计等满足人们的精神需求。

毫无疑问，真正的家居装修设计是一套系统性非常强的繁杂工程。

如果从广义层面来说，家居装修设计是指做好三个准备工作，包括功能准备工作、增值准备工作、合格准备工作。也就是说，家居装修设计是指为满足人们对房子的收纳功能、休息功能、休闲功能等要求而进行的准备工作，以及为满足人们以最小的损失在后期销售该房子时要求的增值准备工作，同时也要满足人们在经济、材质等有限的条件下把房子打造成为可以提高物质和精神生活的室内环境要求的合格准备工作。

从狭义层面来说，家居装修设计是指在对房子正式进行装潢之前作出的功能格局上的规划设计和各空间界面的装饰设计。换句话说，家居装修设计是根据房子的各种特性，包括空间布局、楼层位置、建筑材料等，通过一定的技术手段和设计原理，为房子打造功能合理的格局，营造舒适宜人的居住环境。

无论是广义层面的家居装修设计，还是狭义层面的家居装修设计，都需要通过工程技术与艺术技能的结合运用，从而对已经成型的建筑物的内部结构、空间、环境，比如门窗、水电、灯光等进行再次创造，让人们使用起来更加方便、合理、实用。

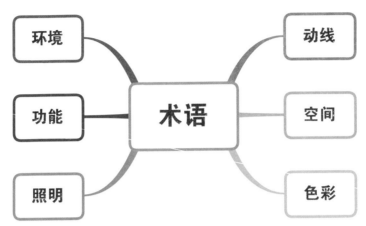

图1-1　家居装修设计相关专业术语

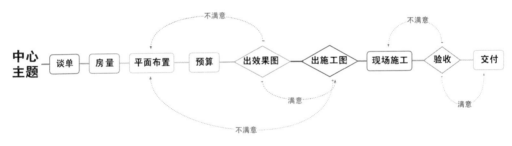

图1-2　家居装修设计流程图

随着人们生活水平的不断提高，简单的家居环境已经无法满足人们的需求。于是，人们开始对室内的各种相关物件，比如门、窗、墙、地面等进行二次设计改造，并通过家具摆设、家居配饰、家居软装饰等，将室内空间打造成不同的风格，营造出更加舒适惬意的居住氛围。

第二节　家居装修设计与哲学

为什么在家居装修设计之前，人们还需要了解其与哲学之间的关系呢？是不是多此一举呢？在回答这些问题之前，我们不妨先看一看下面的这些场景：

本以为安装了地插会很方便，结果不仅缺乏实用性，而且变成了一种障碍，孩子走路时经常被绊倒；

本以为在客厅做电视墙摆放超大电视机会显得高大上，结果不仅观看的次数有限，而且严重影响了孩子的学习；

本以为卧室就是睡觉的地方，不必设计任何娱乐设施，结果为了不影响孩子学习而躲进卧室打游戏、追剧的时候，却发现网络信号奇差；

本以为夫妻二人做饭次数屈指可数，打造开放式厨房会更美观、更有格调，结果有了孩子一家人住在一起的时候，做饭产生的油烟成了最大的"坑"；

本以为回家就不再工作了，便没有设计书房，不料一周内却有五个夜晚需要加班，于是不得不在餐桌上办公；

本以为周末可以舒舒服服地睡个懒觉，却发现由于设计不合理，早晨的阳光直接射入卧室，怎么也睡不踏实了……

现实生活中充满了太多这样的场景。无论是从材质、设计还是从质量方面来说，一眼看上去都相当不错，但这个"不错"仅限于家居装修设计层面。而具体到真实的生活场景中，尤其是人们在使用一段时间之后，往往就会发现存在很多设计缺陷，甚至是设计问题。

为什么会出现这种现象呢？

究其原因，不外乎在家居装修设计过程中偏离了哲学内涵，所有的家居装修设计流程依然停留在材料堆砌层面。虽然有些人知道自己想要的是什么，但是抓不住重点，结果导致理想层面的装修设计与现实生活使用出现了断点。

所以，任何家居装修设计都必须结合哲学内涵，从而适应生活场景的千变万化，否则只会使家居装修设计华而不实，有血有肉却没有灵魂。

那么，什么是家居装修设计的哲学内涵呢？众所周知，房子其实就是一个容器，可以容纳人们的物质需求与精神需求；而哲学内涵就是要了解房子对于自己的真正意义是什么，如何才能通过家居装修设计提高空间使用率。

简单来说，家居装修设计的哲学内涵就是"以人为本"。例如，家居装修设计要考虑空间结构是否便于人们使用，各种材质的使用是否会对人们的健康带来不利影响，整体的艺术美感是否人性化，环境氛围是否有利于人们的生理健康……

总之，通过对家居装修设计与哲学关系的了解，人们在进行家居装修设计时，应该时刻在心中持有一个坚定的观念，即家（房子）承载着所有家庭成员的情感，每个人的生活方式都将因为整体的居住环境而受到影响甚至发生改变。

从某种意义上说，家居装修设计就是规划人们的生活方式，而"以人为本"的家居装修设计会让人们的生活变得更加便捷，反之，则会平添诸多不如意。

第三节　家居装修设计的时代属性与社会属性

家居装修设计的时代属性是指要紧密结合不同的时代思潮。

家居装修设计的社会属性是指要紧密结合不同地域的人文因素和生活方式。

家居装修设计的时代属性与社会属性是跟随时代潮流和地域特征的变化而不断演变的，将符合当下的人们需求的艺术、文化、生活、习惯等通过设计创作，逐渐以不同的风格表现于形式，便可丰富和优化人们的居住环境。

其实，无论家居装修设计的时代属性与社会属性如何演变，都要遵循一个不变的原则，即需要同时满足实用性、经济性、合理性、艺术性。

图 1-3　家居装修设计的时代属性与社会属性

1.实用性

实用性是指无论采用什么样的设计风格，或者采用什么样的材质等，都需要认定一个标准，即风格、材质等都是为人服务的。换句话说，不同的风格，不同的材质，最终所需要发挥的功能是让人们可以方便使用，最大化放大各个房间的使用效率和程度。

2.经济性

经济性是指以最少的投入获得最多的利益，简言之就是提高家居装修设计的性价比。具体做法上，每个人应该根据自己的实际情况做出合理的规划，不需要任何空间的设计都追求最贵的材质，更要避免"面子工程"。

3.合理性

合理性是指对于整体环境的设计要符合人的生理要求和审美要求。例如，有些人喜欢在客厅安装水晶吊灯，但是如果客厅的层高没有超过3米，安装水晶吊灯后，灯具垂下来的部分很可能会妨碍人们的正常行动。这就是典型的不符合人的生理需求的设计缺陷。

4.艺术性

艺术性是指为满足人们的精神需求而进行的居家装饰、布局等。其实，艺术性更多体现在家居装修设计的风格方面，比如需要简约，还是中式、欧式等，都应该结合自己的兴趣和爱好，同时结合当代文化特点，进行艺术性打造。

第四节　家居装修设计的未来趋势

十年前甚至是五年前的家居装修设计，现在看起来似乎已经过时了，不仅风格形式缺乏新意，就连实用性也大大降低了。

这是因为时代在发展、社会在发展，人们的生活品质也在不断提高。虽然家居装修设计在不同的历史时期经过符合当时条件的技术手段、材质、文化元素等，让人们的居住空间绽放出了灿烂夺目的生活光辉，但是如果仅仅局限于当下，而没有放眼未来，没有很好地掌握家居装修设计的未来发展趋势，就会不断陷入"被过时"的泥潭中。

要知道，家居装修设计不仅关系着居住空间带给人的体验和感觉，而且对于一个家庭来说也是一笔不小的开支。如果跟不上家居装修设计的未来趋势，每隔一两年就要重新装修设计一次，对于人们来说不但会严重降低体验感，同时也会造成经济层面的严重损失。

其实，回顾家居装修设计的发展过程，从空间层面来说，已经从产品设计逐渐走向了功能设计、环境设计、氛围设计；从精神层面来说，已经从生存设计逐渐走向了文化设计、体验设计、感官设计。

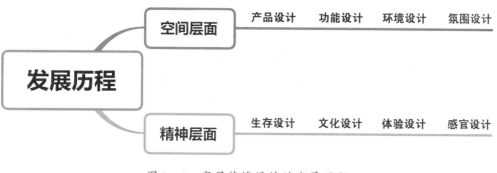

图1-4　家居装修设计的发展历程

那么，在未来的发展过程中，家居装修设计又将呈现出怎样的趋势走向？发展方向又在哪里？

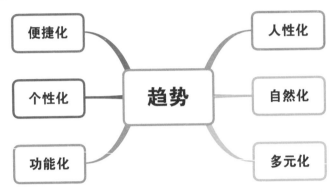

图1-5 家居装修设计的未来趋势

趋势一：人性化

香港室内设计名人高文安曾说过："室内设计最重要的是追求空间的亲和力。"

这也就是说，无论什么形式的家居装修设计都应该回归人性，以表达人的情感为设计的初衷。如果说一个好的居住空间是有"生命"的，那么它将承托人们情感的倾诉，甚至应该成为人们精神层面的寄托。

图1-6 温馨的餐厅

"家是最好的避风港湾"，正是对家居装修设计趋向人性化的最好证明。对于家居装修设计的变化来说，应该将更多的注意力放在空间的开放性和原始的表现力上，让情感与空间能够获得共鸣。

趋势二：自然化

自然界可以说是整个人类赖以生存生长的基础，这也使得越来越多的人向往自然，于是自然化也成了家居装修设计在未来发展中的一种潜在趋势。

其对应的居住空间设计层面的变化，则更多地趋向于田园派、北欧风等。例如，在有限的空间内创造自然的舒适气氛，并通过天然材料和自然色彩的合理搭配与应用，让人们可以足不出户感受自然、体验自然。

图1-7　田园派客厅

趋势三：多元化

家居装修设计在未来的多元化趋势，主要是指色彩方面的多元、高阶。

国际色彩权威机构Pantone公布了2021年的年度流行色"极致灰"与"亮丽黄"。Pantone表示，这两种独立的颜色突出强调了不同元素如何融合在一起互相支持，很好地表达了2021 Pantone色彩的基调：坚定且美好，并给人们带来希望。

当人们试图寻找能量和希望以帮助自己看清并克服持续的不确定性时，充满活力和勇气的色彩将能够满足我们的这一追求。不过，随着人们的多变性逐渐凸显，这种温暖又乐观的色彩搭配也会逐渐失去热度，只有以更丰富、更大胆的色彩搭配才能持续保持一定的热度。

图1-8　颜色多元的卧室

趋势四：功能化

放大有限空间的功能，提高每一个空间的使用率，已经成为人们追求的家居装修设计目标之一。

一个显而易见的空间就是阳台。在之前的家居装修设计过程中，阳台似乎只是用来晾晒衣物的空间，但这种设计既浪费空间又浪费金钱。

所以，在没有人愿意将几千甚至几万元一平方米的阳台只用来晾衣服时，阳台的实用功能就需要扩展，打造为一间书房，或者打造为儿童乐园，再或者定制一款储物柜，总之应该将阳台充分利用。

图1-9　阳台储物柜

趋势五：个性化

大家如今都住楼房，如果在家居装修设计方面也千篇一律，会让人们产生严重的审美疲劳，对于精神体验层面也将是一种打击，甚至将违背家居装修设计的本质。

所以，家居装修设计的未来趋势将追求个性化的设计，不仅时尚化会悄然崛起，而且会彻底打破同质化的僵局。例如，曲线、斜线、曲面、斜面等设计的应用将成为一种潮流。

图 1-10　墙面斜线设计

趋势六：便捷化

未来家居装修设计的发展趋势除了会注重质量，同时也会偏向于提高人们的使用效率。在时间越来越珍贵的社会环境的影响下，什么样的家居装修设计能够让人们节省时间，什么样的家居装修设计就会越受人们的追捧。

也就是说，在家居装修设计趋向功能化的同时，也会越来越走向便捷化。例如，在家居装修设计的时候，简单地打造一个储物柜已经无法满足使用需求，而可以随时收纳、随地收纳、随手收纳的设计更符合人们的追求。

图 1-11　便捷化书房

　　因此，家居装修设计的未来趋势，并不是只需要符合、适应当下的文化因素、社会特点等，而是会不断因为服务的对象的不同，以更丰富的层次、更具个性的风格为发展目标。

第五节　设计师你选对了吗？

人们对于家居装修设计的重视程度，不亚于对孩子上学的重视程度。另外，由于家居装修设计行业的门槛较低，而且具有可观的收入与广阔的发展空间，导致越来越多的人加入家居装修设计师的行列。

这使得家居装修设计行业鱼龙混杂，滥竽充数的设计师大有人在，设计公司也良莠不齐。很多设计公司的设计师只是一些可以简单使用CAD画图的人，并不具备很好的设计能力，也不具备良好的沟通能力，甚至连装修使用的材质也并不十分了解。

那么，优秀的设计师有什么标准？如何选择设计师才能避免被"套路"呢？

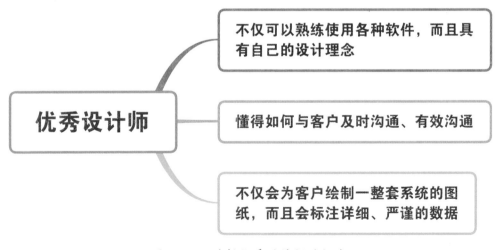

图1-12　选择优秀设计师的标准

1.优秀的设计师不仅可以熟练使用各种软件，而且具有自己的设计理念。

CAD、3ds Max等设计软件只是一名优秀设计师应该掌握的基础，因为这些软件全部是为设计理念服务的。如果设计师没有自己的设计理念，或者说不懂得如何根据客户的要求、空间特征、文化因素、社会环境、人体工学、灯光材质等打造合适的设计理念，那么这样的设计师就应该慎重选择。

2.优秀的设计师懂得如何与客户及时沟通、有效沟通。

在家居装修设计过程中，客户对于设计师的布局往往会提出不同意见，通常是根据自己的喜好而不是从专业角度提出各种修改要求。这时，优秀的设计师应该及时与客户进行沟通，不仅需要明确告诉客户不行，而且需要从专业的角度告诉客户为什么不行，以及如果按照客户不专业的要求进行修改的话，会造成什么样的后果，并及时帮助客户止损。

3.优秀的设计师不仅会为客户绘制一整套系统的图纸，而且会标注详细、严谨的数据。

即便是再小的房屋进行装修设计，也不能省略任何一个步骤。而优秀的设计师通常会结合家居装修设计过程中涉及的任何一个方面，比如墙体、水电、平面布置、吊顶、地面、家具等分别出具对应图纸，并标注具体的数据，让客户一看就能明白哪里需要做什么样的拆装，哪里需要做什么样的家具等。

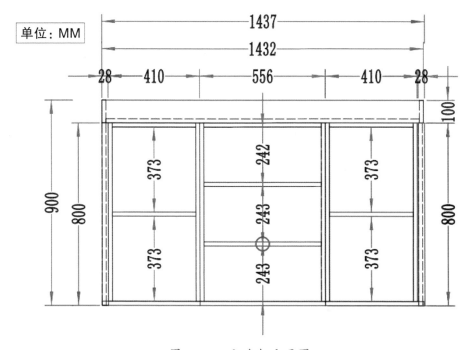

图1-13　阳台柜立面图

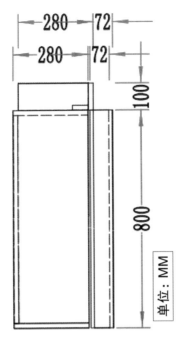

图1-14　阳台柜侧视图

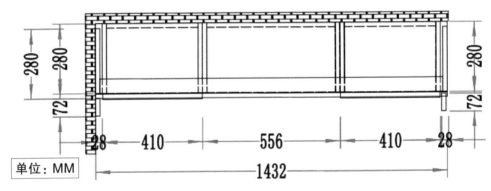

图1-15　阳台柜顶视图—下柜

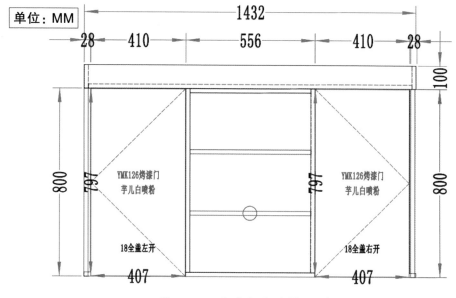

图1-16　阳台柜立面图—门板

　　优秀的设计师并不是只会给客户展示一些漂亮的设计图。如果人们的潜意识中坚持这种观念，那么自己的装修效果肯定会大打折扣。所以，选择优秀的设计师，一定要以技术为标准，以设计理念为核心，以服务态度为准绳。

第二章

家居装修设计的主流风格

在进行家居装修设计的时候，无论是设计师，还是房主；无论是设计师提出的设计理念，还是房主提出的个人想法；都必须先把设计风格确定下来，才能进一步沟通细节。

然而，家居装修设计的主流风格有很多种，比如新中式、北欧现代、美式、地中海、日式、轻奢等。每一种风格都有自己的特点，那么哪种风格才更适合自己呢？

第一节　新中式风格

很多人认为，新中式风格就是把所有具有中式韵味的东西堆砌在一起，堆起来的东西越多风格体现越浓烈。

其实，这种想法是错误的。真正的新中式风格追求的不是堆砌多少中国传统元素，而是基于对中国传统文化内涵的充分理解和认知，以现代的审美观为标准，将传统元素与现代元素有效结合，从而设计出可以表达传统艺术的装饰形式。

新中式风格的形成与发展可以追溯到不同的历史时期，是几千年民族文化的结晶，凝聚着历代人民的建筑智慧与装饰美学。

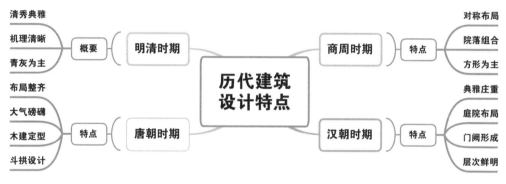

图2-1　中国历代建筑设计特点

随着人们生活品质的不断提高，人们越来越重视对于生活环境与氛围的打造，同时伴随民族复兴的意识越来越强烈，儒雅含蓄的东方精神逐渐走进了人们的视野，并由此诞生了一批专业研究中国传统建筑文化风格的设计师。在这些设计师的影响下，属于中华民族的新中式风格诞生了，使得各历史时期家居设计理念的精华得以继承。

也就是说，新中式风格的起源早于明清时期，是在现代设计风格的影响下，对各个历史时期建筑装饰风格特征的融合与演变,最终诞生于中国传统文化复兴的新时期。

图2-2　新中式风格书房

新中式风格秉承再现传统、化繁为简、移步异景的设计理念,与西方、东南亚等地的家居装修设计风格形成了鲜明对比。在新中式风格的设计理念中,不仅每一处设计都可以探寻到特定的文化背景,营造特定的文化氛围,而且所有复杂的设计材料都会简化处理,甚至会通过红木工艺品、青花瓷、紫砂茶壶等作为传统文化背景的支撑,使人每移动一步就可以欣赏到不同魅力的东方之美。

新中式风格在设计中延续的是传统生活、文化习惯和精神意识,从而体现出了其主要的设计特点和要素。

在总体布局上,新中式风格追求的是对称设计,包括顶面、地面及墙面,均会结合现代人的审美需求,采用对称、均衡的设计手法,打造端正、稳健的空间格局。

图 2-3　床头背景墙对称设计

　　在空间设计上，新中式风格注重的是层次感，追求的是大而不空、更加丰富的整体空间。例如，在比较宽大的整体空间，新中式风格在设计上会采用中式屏风、窗棂、博古架等将其划分为不同的功能区域，使得家居环境体现出有格调又不显压抑的层次之美。

图 2-4　屏风隔断设计

　　在风格造型上，新中式风格通常会采用一些既简洁又硬朗的直线条，继承的是内敛、质朴、简单的传统文化内涵，同时也不失简洁与流畅的现代感，更加符合现代人对于居住空间的追求。

　　在装饰材料上，新中式风格侧重的是精雕细琢的传统工艺，往往会以源自大自然的丝、纱、皮具、手工皮艺、织物等作为装饰材料的首选，这样既可以为居住空间营造浓厚的自然气息，也可以充分体现中国传统美学精神。

图2-5　传统织物坐垫

　　在装饰色彩上，新中式风格则以黑、白、灰色为主，以红、黄、蓝、绿等为辅，主色调延续的是京城民宅的基调，辅色调延续的是宫廷的基调，两者兼而有之，既简朴优美，又庄重大气。

图2-6　黑白灰主基调

　　在风格配饰上，新中式风格的家具主要以古典家具为主，尤其是明清时期的家具往往会被大量采用；而在饰品上，新中式风格多使用传统字画、古玩、盆景、屏风等。通过古典家具与传统饰品的结合装饰，便可以营造一种修身养性的传统生活氛围。

图2-7　古典家具座椅

　　总而言之，新中式风格就是在传统家居美学的基础上，融合现代元素，从而成就的一种更符合当代年轻人的审美观点的设计形式。所以，越来越多的80后、90后，尤其是那些性格稳重之人，会对新中式风格青睐有加。

　　然而，需要注意的是，使用新中式设计风格一定要将传统元素与现代元素有效结合，让两者之间达到相得益彰的效果。否则，便会营造出不伦不类的居住环境，甚至会贻笑大方。

第二节　北欧风格

对于很多不懂北欧风格的人来说，北欧风格就是大白墙与网红单品的结合体——只要墙面刷完大白，然后点缀一些诸如鹿头之类的网红单品，就形成了北欧风格。

难道真的是这样吗？

其实，在时尚界中流行的一句话才是对北欧风格的真正诠释，即"越简洁，越高级"。换句话说，北欧风格是一种彰显安静、自然、温暖的家居装修设计形式，也被称为"斯堪的纳维亚风格"。

图2-8　北欧风格

事实上，这种叫法也透露出了北欧风格的起源与形成。

斯堪的纳维亚半岛大概处于北纬56°~71° 东经5°~25° 之间，位于欧洲西北方向，面积约75万平方公里，总长约1850千米，是欧洲最大的半岛，横亘于挪威与瑞典两个国家之间。

斯堪的纳维亚（Scandinavian）源自条顿语"skadino"，意为"黑暗"，再加上表示领土的后缀–via，全名意为"黑暗的地方"。斯堪的纳维亚半岛之所以有这样一个名字，源于其独有的寒温带气候条件。由于其地处高纬，所以日照时间较短，冬季黑夜格外漫长。

与此同时，斯堪的纳维亚半岛上的森林覆盖率高达50%，树木种类包括云杉、松树、白桦、栎、山毛榉等，是名副其实的原生态森林。

正是因为斯堪的纳维亚半岛这种寒冷、昼短夜长的气候条件，以及森林茂盛的自然资源，使得当地人在居住空间与环境设计理念上更加追求明亮通风、温暖舒适、自然环保的人文情怀。

虽然欧洲的工业化发展速度随着时代的发展越来越快，但是北欧风格的设计要素和特点并没有发生太大的变化，比如自然、简单、清新、宁静、温暖等设计特征在现代的家居装修设计中依然被延续。

具体而言，北欧风格的设计要素与特点主要体现在以下几个方面。

在整体布局上，北欧风格主张健康、简单、浪漫的居家生活方式，追求自然的回归，并融合现代、实用的设计美学，营造返璞归真的生活基调。

图2-9　简单的北欧风格客厅布局

在空间设计上，北欧风格的功能空间相对来说并没有进行明显的区分，而是多采用有机设计，比如用流畅的线条、有机形态、软装等对空间进行分割。这样一来，即便整体功能空间比较模糊，但是不会有强烈的突兀感，依然会让人感觉舒适、和谐。

图2-10　客餐厅的有机区分

在风格造型上，北欧风格主要采用的是现代风格和自然风格，通过现代造型线条以及自然质朴的设计，营造出简洁又不失气质的居住氛围。

图2-11　北欧质朴风格

在装饰材料上，北欧风格选用的大部分是木材，而且更多的是未经过精细加工的原木，同时也会搭配一些石材、玻璃、铁艺、皮质等材料，进一步烘托木材的原始色彩和质感，从而打造独特的装饰效果。

图2-12　北欧风格餐厅

在装饰色彩上，北欧风格注重的是采光效果，所以在设计中多以纯色色块为主，比如黑白色是常见的空间配色，整体感觉内敛沉稳。

图 2-13 北欧风格的装饰色彩

在风格配饰上，北欧风格使用的多是现代造型家具，而且多以实用性为主，不会带有过多的纹样或者雕刻。即便在装饰画的选择方面，北欧风格也是主要选择现代抽象动物或者植物的装饰画。

图 2-14 北欧风格植物装饰画

设计大师约里奥·库卡波罗教授（YRJO KUKKAPURO）曾经说过，人体的形式就是美的形式。北欧风格在设计过程中不管是对于外部结构的设计，还是对于内部空间的设计，都是基于人体工学而营造让人感觉舒服的居住环境。

北欧风格比较适合年轻人群，与年轻人所追求的那种简约、质朴、贴近自然的设计风格不谋而合。

所以，在采用北欧风格时，切忌在卧室使用太多种类的颜色，哪怕是在客厅也应只选择一两种颜色为主；切忌在任何空间的顶面进行烦琐的吊顶，应以简洁为宜；切忌在打造收纳空间的时候使用太多的开放式储物柜、储物格，应尽量做到以封闭式为主……总之，采用北欧风格进行家居设计，要使得视觉感受整洁有序。

任何优秀的设计，都离不开美观、实用、优质，而这些特点也都是北欧风格的设计核心。

第三节　美式田园风格

　　城市的喧嚣与热闹，忙碌的工作与生活，一边让很多人产生了厌倦感，一边又促使着这些人开始追求宁静与清新的田园生活。但是限于各种现实因素的困扰，他们不可能回归乡村。于是，他们在对居住环境进行装修设计的时候，开始重点采用美国的浪漫主义与田园风格相融合的美式田园设计，也就是美式田园风格。

图2-15　美式田园风格

　　美式田园风格属于自然风格中的一种，也被很多人称为美式乡村风格，是一种以宽大、舒适、休闲、自然的田园生活情绪为主张的家居装修设计形式。

　　如果探究美式田园风格的起源，时间方面可以追溯到十八世纪，风格方面则是源于当时各地拓荒者对于居住空间的设计。然而，由于当时艰苦条件的限制，各地拓荒者在家居装修上不得不舍弃了奢华与烦琐的装修设计，选择了以温暖舒适为主。

这也成就了美式田园风格"回归自然、简朴、轻松、惬意"的设计理念。美式田园风格推崇自然的设计美学，并汲取各种风格的长处，将不同风格的优势集于一身，最终使得看似比较笨重的家具以及岁月感浓重的配饰，在古典造型与现代线条、人体工程学相结合的设计下，呈现出了新古典主义的美感，即独特的怀旧古典氛围中不乏一丝随意。

那么，美式田园风格的设计要素与特点是什么呢？

在总体布局上，美式田园风格力求突出田园生活的情趣，也就是要求富有历史气息。例如，在待客区域的客厅，不仅要以悠闲、舒畅、自然的布局为主，同时要求简洁明快，甚至要特别重视对仿古艺术品等具有历史年代感的物品的使用，以及具有质朴纹理的天然木、石材、藤竹等的使用，并巧妙布局各种绿植，营造明快光鲜、简朴高雅的氛围。

图2-16 美式田园风格客厅

在空间设计上，美式田园风格主要以实用性、功能性、舒适性为设计重点，所以一般不会在顶面进行吊顶，也不会在墙面上设计背景墙等，甚至不会在顶面设计顶灯。如果说得更通俗一点，美式田园风格在空间设计上遵循的是"轻装修，重装饰"的设计原则。同时，它契合了摒弃繁杂与奢华的设计内涵，不以堆砌为目的，多用温馨柔软的设计来营造古典的优雅气质。

图 2-17　美式田园风格餐厅

在风格造型上，美式田园风格以轻松舒适为主导，具体设计时经常可以发现带有明显的地中海样式的拱形元素，同时也可以发现被"平民化"以后的欧洲皇室贵族风格。在具体的家具等风格上，则表现为体积庞大却不失气派与实用，质地厚重却不失舒适与享受。

图2-18　美式田园风格的拱形元素

在装饰材料上，美式田园风格主要使用可就地取材的木材为主，包括松木、枫木、白橡木、桃花心木、樱桃木等。这些木材虽然线条简单，但也不会被过多雕饰，目的就是要最大程度保留木材原始的纹理和质感，甚至会刻意做出一种自然旧的质感，如添上仿古的瘢痕或虫蛀的痕迹等。通过选用天然质感的材质，以及做旧的处理工艺，美式田园风格营造出来的居住氛围则会完全失去崭新华丽的感觉，散发出质朴的气息，同时提升怀旧、贴近大自然的体验感。

图2-19　美式田园风格的质朴风

在装饰色彩上，美式田园风格崇尚的是清新、惬意的格调，所以通常会选择散发着浓郁泥土芬芳的泥土色和怀旧的色彩以及自然色，比如绿色、土褐色、红色、白色等。而在家具的颜色选择上，则多以仿旧漆为主，同时也会搭配一些暖色系。

图2-20　美式田园风格的白色卧室

在风格配饰上，美式田园风格中最具代表性的一种配饰是花卉图案，无论是窗帘、沙发，还是墙纸、壁布，都会以花卉图案为主要装饰元素，这也是为了凸显乡村自然气息，同时给人生机而又温暖的感觉。当然，为了体现古典氛围，美式田园风格在配饰上也会根据不同的空间选择各种仿古或者做旧的装饰元素，比如已经卷边的书籍、纸张颜色已经泛黄的地图、具有浓重乡村风韵的油画、充满历史感的鹅毛笔等，都是美式田园风格的书房不可或缺的装饰元素。

图2-21　美式田园风格的壁画等装饰元素

其实，美式田园风格的家居装修设计就是美式乡村自然、简约风格的传承，人们置身其中便会很自然地放松身心，让人在快节奏的现代生活中放慢脚步，获得生理与心理上的慰藉。所以，美式田园风格更加适合中年人群，这类人群在上有老下有小的压力下，更需要这种悠闲、舒畅、自然的田园生活情趣来解压。

值得注意的是，在美式田园风格中，粗糙和破损并不是一种缺陷，更多时候则是刻意为之，是为了更加接近自然，所以不要将其摒弃。同时，在美式田园风格中，由于花卉图案是为了彰显田园气息的一个重点的存在，所以需要重点突出。不过，也要注意一个搭配的度，一般以低于整体空间比例的20%为宜，而且色彩应以质朴为主，不宜过多采用艳丽的颜色。否则，会失去田园气息的本质，失去自然美。

第四节　地中海风格

在家居装修设计领域，中国传统的建筑设计以及欧洲的罗马建筑设计可谓是首屈一指。其中，欧洲的罗马建筑设计历经几百年的延续与洗礼，并通过融合多民族的文化逐渐展现出一种符合现代文化的成熟家居装修设计形式，满足了人们对于美的追求，这就是地中海风格。

图 2-22　地中海风格的卧室

其实，对于地中海风格的兴起，可以追溯到9至11世纪文艺复兴前的西欧。当时，西欧的家居装修设计艺术已经没有什么特色，人们也陷于一种盲目的生活状态中，导致长时期的萧条直至9世纪之后才告一段落，并重新形成了地中海的独特风格。而且值得一提的是，地中海风格并非起源于某一个国家，而是融合了地中海沿岸众多国家的建筑艺术，包括西班牙、法国、摩纳哥、斯洛文尼亚、克罗地亚、波斯尼亚和黑塞哥维那、意大利、马耳他、土耳其、叙利亚、塞浦路斯、蒙特内哥、阿尔巴尼亚、希腊、黎巴嫩、以色列、巴勒斯坦等。

与此同时，地中海沿岸不仅分布着许多国家，而且地域绵延两千英里，物阜民丰，居民多为世居当地的人民，长时间以来都是西欧的重要贸易中心，甚至是古罗马、希腊、基督教文明、波斯古文明的诞生地，正如其词义所表达的核心意思，即"地球的中心"。

然而，无论地中海风格由于融合、解构多民族文化而体现出怎样的民风，其设计理念都始终以打造"浪漫舒适的家居环境"为主，并梳理出了独特的设计元素与特点。

在总体布局上，地中海风格基于地中海周边众多国家各异的民风进行了取长补短式的整体布局设计，使各国的地中海风格特征得到了统一体现。

例如，地中海风格在进行总体布局时经常会采用的设计元素主要包括拱门与半拱门、白灰泥墙、连续的拱廊、马蹄状的门窗、陶砖、海蓝色的屋瓦等。但是这些元素都不是简单地进行堆砌或者拼接，必须以浪漫的情怀以及纯美的自然为主题进行贯穿，如将数个圆形拱门及回廊进行连接或者垂直交接，或者对墙面进行穿凿以及半穿凿的设计从而打造室内窗，使整体布局呈现出一种延伸感，同时也具有很好的观赏性。

在空间设计上，地中海风格追求的是以开放、自由的方式营造浪漫空间。这一点其实在地中海风格的整体布局上可见一斑，无论是拱形或者半拱形的门，还是在墙面上穿凿的马蹄状的室内窗，都彰显了一种情趣式的家居环境。当然，这也是地中海风格在空间设计上体现出来的独特美学，对每一寸空间都进行了充分利用与搭配，并综合了开放性与自由性，所以整体空间既大气又美观。

在风格造型上，地中海风格虽然定位于欧式造型，但又以独特且流畅的圆弧造型取代了传统的古典欧式造型中的通用设计元素，比如壁炉、罗马柱等，与传统的古典欧式造型之间画了一道分割线，使得地中海风格造型在视觉感上更加含蓄、细致、自然、清新。

图2-23　地中海风格中的圆弧设计元素

　　除此之外，地中海风格在造型上也会突出地中海独有的浪漫以及神秘特征，比如弯臂造型的壁灯、未经刻意粉刷而带有凹凸与粗糙感的墙壁等都是对浪漫色彩的诠释。

　　在装饰材料上，由于地中海风格多采用浑圆、简洁的装饰手法，所以选择的装饰材料主要为木质、陶石、棉质、铁质等。例如，在实际装修设计中，地中海风格经常会切割一些小石子、贝类、玻璃片等材料，然后再将切割后的不同造型的素材进行重新组合排列，不仅成本低，也会让地中海的风格特征更加鲜明。同时，为了体现地中海风格的自然特征，也经常采用一些小巧而又可爱的绿植素材进行装饰，如爬藤类绿色盆栽等。

　　在装饰色彩上，地中海风格崇尚的是纯美且自然的色彩组合，这也是地中海风格与众多家居装修设计风格相比的最大魅力所在。

　　要知道，地中海周边分布着数十个国家，每个国家都有属于自己的设计色彩。比如，以白色与蓝色为主的国家有西班牙、希腊、法国等，这些国家不仅拥有白色沙滩、白色村庄，还有蔚蓝色的大海和天空，以及蓝紫色的薰衣草；以红褐色与土黄色为主的意大利、北非等，这些国家拥有金黄的向日葵、土黄的沙漠、红褐色的岩石等。

而且，这些颜色都有一个共同的出处——大自然，甚至也有着共同的色彩特征——饱和度高、明亮、绚烂、淳朴、柔和等。所以，地中海风格采用的色彩基本上都是白色、蓝色、黄色，以及土黄色和红褐色。

图2-24　地中海风格中的色彩元素

在风格配饰上，地中海风格多以自然元素的配饰为主。例如，在为地中海风格的空间选择家具时，往往会选择一些使用圆形或椭圆形木材制作的桌子、凳子等，包括藤桌、柳条椅等既具有自然韵味又不失古雅味道的家具。而在窗帘、桌布等配饰的选择上，多以视觉感上更古老的粗棉布制作的配饰为主，而且面料的图案也常以蓝白相间的优雅图案为主。同时，配饰的选择上也包括上面内容中提到的绿植。

地中海风格的家居装修设计源于自然，更回归于自然。无论是装饰材料的选择，还是装饰色彩的使用，都与大自然对应且契合。地中海风格的空间环境既能让人体会到海边的轻松氛围，也能让人体验到悠然自得的舒适感。所以，这种设计风格可以起到舒缓压力的作用，比较适合生活压力大的中年人群。

第五节　日式风格

日式风格又称和式风格，也常被简称为"和风"。

日式风格并非完全起源于日本，很大程度上是受到中国唐朝时期的建筑设计影响，甚至其中也夹杂着西洋风格的身影。

日本7至10世纪的家居装修设计风格主要延续的是佛教、传统神社以及中国唐代建筑的特征和居家文化，尤其对于唐代之前至唐代初期盛行的跪坐情有独钟，所以在家居空间装饰设计方面多采用一些比较低矮的家具。虽然低矮的生活方式后来在中国被打破了，但是并没有影响其被传入日本。同时，唐代中后期的格子窗也一并被日本建筑设计所学习。

然而，日本发展到10世纪之后，也就是11世纪至12世纪，受中华文化影响颇深的家居装修设计风格被中止了，直到13世纪才重新得以延续与发展。

日本明治维新以后，西洋建筑的特点以及装饰艺术快速传入日本，并以其新奇、符合人体工学的特征对日本的传统家居装修设计风格形成了强烈冲击。值得庆幸的是，日本的传统家居装修设计风格并没有因此消亡，而是将西洋建筑的特点以及装饰艺术融合了进来，最终形成了一种集日本传统家居装修设计风格、中国传统的建筑特征和唐代的生活方式、西洋建筑的特点以及装饰艺术于一身的家居装修设计形式。

随着时代的发展，这种家居装修设计形式再次结合现代元素，从而成就了利用原木、榻榻米、灰砂墙、杉板、糊纸格子拉门等构建，可以充分体现传统与现代双重文化元素的日式风格。

图 2-25　日式风格

可以说，日式风格与很多奢华的装修风格是背道而驰的。究其原因，主要是因为日本的国土面积有限，但森林覆盖率高，而且是地震多发国家，所以在房屋构建以及装修选材上多以木材为主。这也体现了日式风格轻松、简约、大方、实用的设计理念。

无论是在整体布局上，还是在空间设计、风格造型等方面，日式风格的主要设计元素和特点可以概括为功能性高、环保性强、舒适性大。

在总体布局上，由于日本的建筑中非常重视庭院的存在，所以日式风格的室内布局往往需要与室外建筑进行衔接与呼应，避免各成一体。同时，因为较小的国土面积，使得各种装饰材料比较匮乏，这就导致日式风格在整体布局上不得不遵循节俭的原则，从而提出了以小见大的布局理念。无论是使用榻榻米，还是天井的设计，无不采用小、精、巧的布局模式。这不仅是日式风格区别于其他风格的独特之处，而且这种风格也为人们营造了宁静、自然的舒适体验。

图2-26　日式风格的空间布局

在空间设计上，日式风格对于空间的功能、形态、间隔、流动非常重视，追求的是不同空间既可化整为零，又可合而为一。这也是其空间设计有别于其他风格空间设计的显著特征之一。

这种空间设计形式在很大程度上提高了空间的实用性，让每个空间都得到了最大化地利用。"一室多用"是日式风格的显著特性，以客厅为例，摆上一个小矮桌和几本书，再放上几个坐垫就变成了书房；撤掉小矮桌，放上餐桌就变成了餐厅；撤掉餐桌，铺上被褥就变成了卧室。这种空间设计同时也体现了空间的形态性，即对物品的摆放有一定的要求，需要放在所处的位置就可以达到所要表达的意境。

图2-27　日式风格的空间设计

在风格造型上，日式风格以简洁、高雅、清晰的造型为主，而且在线条的使用上多以直线条为主，几乎没有曲线以及烦琐的线条，整体视觉感比较简洁大方。

在装饰材料上，因为日式风格比较偏向于自然，所以对于装饰材料的选择主要以天然木材为主，包括整体的空间选材以及每个细节的选材均以草、竹、藤、麻、纸等天然材料为首选，目的就是为空间环境营造朴素的氛围。虽然也会选择一些带有科技时尚元素的材料，但是也会与天然材料相结合，不能突兀，避免呈现出格格不入的空间体验感。

同时，使用天然材料还有一个独特的作用。因为天然材质会散发一种特有的香味，所以可以进一步体现自然情怀。

在装饰色彩上，日式风格也与其他风格一样，有着自己专属的色彩属性，即追求素雅的色彩搭配，以原木色和中性色为主，包括米色、黑色、白色、浅灰色。这种色彩搭配可以让空间尽显素雅格调，沉静而不失禅意。

图 2-28　日式风格的米色调

在风格配饰上，日式风格讲究整洁有序，即任何配饰的摆设都井井有条。虽然看上去会有一种明显的刻意为之的感觉，但是并不会感觉突兀，反而是另一种美的体现。在具体的配饰上，一般包括草垫、茶具、插花、玩偶杂物架等。

图2-29　日式风格中的配饰元素

对于一些喜欢日本文化和向往宁静的生活方式的人群来说，日式风格可以为其营造简洁淡雅的居住环境，而且比较适合小户型进行家居装修设计。

第六节　轻奢风格

随着人们物质生活条件的不断提高，对于精神生活的要求也越来越高，尤其是在离开繁忙的工作场所之后，无不想要一个舒适、优雅的生活空间，甚至追求品位与高贵的并存。很多人不想仅限于新中式、北欧、美式等家居装修设计风格，于是便诞生了轻奢风格。

轻奢风格追求高品质的生活态度，更加注重设计感，但是依然是以极简风格为基础，通过对品质和细节的进一步凸显，从而打造一种极致优雅的生活方式。

图 2-30　轻奢风格

从这个层面来说，与其将轻奢风格定义为一种设计形式，不如将其看作是一种生活理念，它所宣扬的是对生活更纯粹的享受。当然，这也正是轻奢风格的设计理念。

轻奢风格中的"奢"字或许经常会被人误认为"奢侈""奢华"，但其核心实际上在于"轻"字，寓意为高贵却不惹眼，高级却不浮夸，只是在不经意间演绎极具质感的生活格调。

在总体布局上，轻奢风格注重的是简约而不简单、随性而不随意的设计原则。几乎在每一个看起来很简单、很随意的设计背后，往往透露出高贵的质感，让人对这些细节不得不产生视觉与心灵上的双重冲击。

图2-31 轻奢风格酒柜

在空间设计上，轻奢风格打造的并不是人们传统观念中利用金银珠宝堆砌的奢华，也不会通过让人看上去感觉缭乱、繁杂的造型以及色彩进行空间设计，而是力求每个空间的设计和每个细节都可以用一种优雅的魅力直抵人心。相对来说，轻奢风格的空间设计注重开放性与功能性，给人营造一种轻松舒适、宽敞明亮、低调浪漫、温馨大气的空间环境。

图 2-32　轻奢风格客厅

　　在风格造型上，轻奢风格避免过于抢眼和张扬，而是在奢华、高贵与生活、享受之间建立一种平衡关系，并通过流畅、简洁的线条使整体的造型比例达到一种和谐状态，营造协调、精致的空间感受。

图 2-33　轻奢风格卧室

在装饰材料上，轻奢风格不会过多地选择天然木材，而是会以质感比较突出的材料为首选，比如大理石、皮革、金属、丝绒等。目的就是通过将这些既具有奢华性，又具有舒适性与观赏性的材质通过巧妙地搭配、组合，从而满足人们对于高品质生活的追求。

在装饰色彩上，轻奢风格通常会选择驼色、象牙白、黑色、灰色、奶咖、炭灰色、高级黑、高级灰等，通过这些可以彰显尊贵的色彩，提升空间质感的饱满度，从而呈现出简约时尚的格调。

图2-34　轻奢风格色调

在风格配饰上，由于轻奢风格比较注重空间利用的最大化，所以任何配饰都必须遵循可以提升空间平静而不失时尚氛围的原则，哪怕是卧室床头上的闹钟，也应该选择轻奢风格的闹钟，比如玻璃闹钟等。

图2-35 轻奢风格床头配饰

　　总而言之，轻奢风格的核心是在奢侈、华贵与轻松、舒适之间进行博弈，并找到其中的平衡点，从而构建实用舒适又不显奢华的生活方式。所以，轻奢风格比较适合现代年轻人群，符合他们对于精致小资生活方式的追求。

第三章

客厅装修设计：
迈进新生活的
第一步

　　一个家庭如果失去了核心区域，几乎就可以与合租房画上等号了。这种说法并不是危言耸听。因为家庭中的核心区域所承担的功能和作用就是将一家人聚在一起，家人与家人之间，甚至家人与朋友之间在这个核心区域都可以聊天、谈心、娱乐等。

　　试想，如果失去了这个核心区域，是不是也就意味着失去了家人之间促进感情的地方？那么，一个家庭的核心区域是哪里？毫无疑问那便是客厅！所以，对客厅进行合理的装修设计，也就预示着迈进了新生活的第一步。

第一节　客厅布局与设计要点

毫不夸张地说，客厅代表着一个家的门面。虽然对于主人来说只要舒适即可，但是当亲人、朋友来做客的时候，客厅布局的好坏，将直接作为客人对家居整体装修设计的优劣进行评价的第一因素，客人也会由此联系到主人的生活方式以及生活品位。

这也难怪越来越多的人开始不惜花费大价钱对客厅进行装修，甚至有的人会大胆地打破传统的客厅布局与设计思维，在布局设计上频出奇招。

然而，任何能够让人赏心悦目的客厅布局都不会完全取决于其主人花费了多少金钱、精力，也并不会完全由奇特设计决定。

一个好的客厅布局设计往往是"以人为本"的，只有真正符合人们需求的布局和设计才能够给人眼前一亮的体验感。

如果你想要提高客厅的意境，必须遵循"以人为本"的前提，重点关注下面这几个客厅布局与设计的要点，从而诠释生活的真谛。

1.空间

客厅空间的布局与设计应该以合理性、功能性、舒适性为原则。合理性是指对于客厅空间的划分应符合使用需求，比如现代客厅的空间主要划分为会客区、就餐区、活动区，形成一种集客餐于一体的开放式空间。功能性是指客厅的作用不仅可以担负会聚亲朋好友的责任，也可以成为亲子活动的场所等，达到一厅多用的效果。舒适性是指客厅的通道应该宽敞，同时避免拐弯抹角，并拥有合适的收纳空间，可以随时将客厅的杂物进行整理收纳，恢复客厅的整洁，满足既温馨又具有亲和力的要求。

图3-1　客厅会客区、就餐区、活动区的划分

2.中心

如果客厅的布局以电视为中心，也就把客厅推向了以视听功能为主的设计。然而，客厅的主要功能其实是会客，同时由于客厅的空间也有大小之分，所以也可以选择以沙发为布局与设计中心，发挥客厅用以家庭聚会的功能。

图3-2　以视听功能为中心的布局

当然，即便不是以电视作为客厅的布局与设计中心，也并不意味着一定要将客厅的视听功能彻底取消。因为大多数人在客厅的时候，偶尔也会使用客厅的视听功能，只是降低了使用频率，所以可以通过采用投影仪、隐藏电视等布局与设计方式继续保留客厅的视听功能。

3.色彩

客厅的色彩布局是否合理，不仅直观地反映了视觉上是否具有美观度，是否可以让居住者的心情更加愉悦，而且从侧面反映了居住者是否具有审美观。

既然客厅的色彩布局如此重要，那么应该如何进行色彩搭配呢？

一般来说，客厅的色彩布局与设计多选用淡色调。如果感觉大面积使用淡色调有些乏味，则可以通过后期的软装颜色进行调和。

图3-3　客厅的淡色调布局

当然，也有人喜欢艳丽的色调。但使用艳丽的色调（如红色）作为客厅的主颜色时，必须以浅色调（如白色）作为陪衬，达到动（红色）静（白色）平衡的效果，同时也可以提高客厅的活力氛围。

4.采光

明亮的客厅环境给人营造一种舒适健康的感受，所以在客厅的布局与设计方面也需要注重自然光源的引入。通常，想要提高客厅的采光性，可以将客厅的窗户设计为落地窗等，放大客厅的光照面，同时也能提高客厅的通风性，营造更自然的舒适感。

图3-4 客厅采光布局

5.动线

动线是建筑与室内设计的一种专业用语，是指将人们在室内室外移动的所有的点进行连接而形成的线。

客厅的动线布局与设计应该满足简化的要求，即从客厅到卧室、从客厅到餐厅、从客厅到厨房、从客厅到卫生间的每一条动线都要尽可能地简短、方便。

总之，无论是下沉式客厅，还是普通客厅；无论是大客厅，还是小客厅；无论是日式风格的客厅，还是中式风格的客厅；其布局与设计的要点都离不开以服务人、服务人的生活为核心。

第二节 墙面、地面、屋顶的装修设计

人们生活水平的不断提高，也让更多的人开始追求更加有品质的生活。一个很显著的改变就是人们逐渐开始打破传统的家居装修设计思维，追求更有创新创意的模式。

对于客厅设计来说，虽然客厅的墙面、地面、屋顶并没有处于最显著的地方，但是同样不容小觑，同样代表着房屋的主人拥有什么样的生活品质。所以，在进行客厅墙面、地面、屋顶的设计时，很多人拒绝了大白墙等保守设计，而是通过更具艺术色彩的设计形式让人眼前一亮。

1.墙面

从墙面的颜色来说，如果厌倦了大白墙，可以通过改变颜色来提升墙面为整体客厅空间营造的层次感。比如，将墙面颜色刷成灰色或者灰蓝色，既具有低调感又可以营造温馨的氛围。

当然，除了可以通过改变墙面的颜色来营造不同的客厅氛围，也可以通过墙面砖、木质墙面、软包墙面等设计形式，进一步为客厅注入时尚、自然的气息。

同时，在墙面的设计上少不了各种各样的挂画进行装饰，从而缓解墙面的寡淡，比如各种抽象画、山水画等，都可以作为墙面颜值的加分项。尤其是尺寸比较大的挂画，让客厅空间看起来更具大气感。

除此之外，也可以通过在墙面上绘制、雕塑壁画的设计形式替代挂画，这也是近年来比较流行的一种设计趋势，但需要注意墙绘的图案不宜烦琐复杂。

当墙面的主基调设计完成后，也不能忽视了客厅墙面的收纳设计。因为客厅是活动比较频繁的区域，难免会有各种物品的摆放，合理、合适的收纳设计便于客厅的清洁与整理。

图3-5　客厅沙发后面的软包墙面设计

2.地面

在不出意外的情况下，大多数人对于地面的装修设计一般会铺设瓷砖或者木地板，而且每一种装修设计方式都有其自身的优点与缺点，可根据自己的生活习惯或者喜好进行选择。

然而，无论采用哪种装修设计方式，都需要重点考虑瓷砖或者木地板的颜色、图案是否与客厅的整体风格统一，同时需要避免过于张扬和凌乱。

图3-6　浅灰色石材地面

如果你已经看腻了瓷砖或者木地板，也可以采用自流平、水磨石、红砖地面的装修设计方式，甚至可以通过设计地面造型，比如将地面下沉或者升高，明确区分各功能空间的同时，也进一步烘托了客厅的层次感。

3.屋顶

对于屋顶的装修设计，恐怕最让人头疼的就是究竟吊顶好，还是不吊顶好。吊顶可以对客厅的整体空间起到一定的美化作用，也可以将客厅上部空间的各种管线、设备（如电线、空调管道、中央空调出风口等）隐藏起来，甚至可以在冬天或者夏天让客厅环境更加温暖或者凉爽，尤其是可以起到隔音的作用。但吊顶的负面影响就是会降低客厅的层高，如果客厅本身的空间高度有限，那么吊顶之后将会产生一定的压迫感。

其实，随着家居装修设计技术的不断精进，已经有效解决了吊顶影响层高的问题，不但不会吃掉有效的层高，甚至在视觉上会让人产生被拉高的感受，如立体造型吊顶、曲线造型吊顶、层级造型吊顶等。

图3-7　层级造型吊顶

如果客厅的层高确实过低，也可以采用半吊顶等设计方式，再配以简单的灯饰，既可以延续保温隔热、隐藏管线等吊顶的正面作用，也会让客厅空间不失层次感。

无论是墙面的装修设计，还是地面以及屋顶的装修设计，都必须注意不能各成一体，一定要保持整体风格的一致，营造和谐优雅的居住环境。

第三节　沙发的摆放

客厅必备的家具之一就是沙发。沙发对发挥客厅的功能而言，具有举足轻重的作用，甚至与其他家具相比，也有着最高的使用率。

然而，其高使用率也是基于其巧妙地摆放使然，如果摆放的位置不对，它便会沦为无用的摆设。

那么，客厅里的沙发究竟如何摆放才能最大化发挥其价值呢？

1.对称型摆放

将沙发紧靠墙面摆放是大多数人采用的传统布局方式，这种布局方式一般将沙发、茶几、电视连成一条垂直线，沙发与电视成对称型，具有经久耐看的特点。

图3-8　对称型摆放

2.对角型摆放

对角型摆放是将沙发放置在客厅的两个对角处的布局方式。这种摆放方式虽然看起来有点奇怪，但是比较适合不规则户型的客厅，有助于简化客厅动线。

3.L型摆放

L型摆放是将沙发布置成横竖垂直交叉的布局方式。一般是在横向放置的沙发的一端再放置一个纵向的沙发。这种摆放方式既方便坐也可以躺卧，可以打造一种舒适、休闲的客厅氛围。

图3-9　L型摆放

4.一字型摆放

简单从字面意思上来说，一字型摆放就是只放置一个一字型的沙发，在小户型的客厅沙发布局中比较常见。因为一字型摆放方式相对来说可以节约客厅空间，可以让空间感更宽大，同时也不失简约感。

图 3-10　一字型摆放

5.U型摆放

U型摆放是指以电视为一边，在距离电视一定距离的正前方，以及左边和右边分别放置合适的沙发。其实，这种摆放方式更利于大家围坐在一起进行交谈，因为其拥有足够的容客率，更是放大了客厅的实用功能。

图 3-11　U型摆放

6.组合型摆放

组合型摆放是指基于单个的沙发模块，比如单人沙发、双人沙发、三人沙发、贵妃椅、单椅等进行自由组合，有利于调节客厅沙发布局的密度，更可以结合自己的喜好以及实用性等特点进行随意摆放。

图 3 - 12　组合摆放

诚然，由于沙发本身的造型在不断升级变化，最终用于客厅中的摆放方式也随之更加随性。然而，无论采用哪种沙发摆放方式，都不应该违背实用、舒适、美观的原则。

第四节　电视背景墙设计

什么是电视背景墙？

从简单层面来说，电视背景墙就是放置电视机后面的那面墙壁。从艺术层面来讲，电视背景墙是指将放置电视机后面的那面墙壁通过装修设计，使其成为一面可以美化客厅空间、富有特色、凸显主人生活情趣的墙壁。

其实，我们在上面讲述客厅布局以什么为中心的时候曾讲过有些人会以客厅的视听功能（电视）为中心，也有的人不以视听功能为中心。我们这里所讲述的电视背景墙的设计，主要是针对以电视为客厅设计中心的人群。

如果在客厅的装修设计中以电视为中心，那么电视墙的设计也就在整个客厅的装修设计中占据了非常重要的地位。

电视墙的作用除了其定义中提到的几点，还包括弥补电视机后面那面墙壁的空旷感、对客厅进一步装饰等。

对于电视背景墙的设计重要性来说，不仅可以将其看作是整个客厅装修设计的精华部分，而且可以将其设计过程视为一种艺术创作，甚至可以看作是客厅整体设计风格的体现以及对主人生活素养的衡量。

那么，究竟应该如何设计电视背景墙，才能让其成为客厅的视觉中心和焦点呢？

1.形状

不同的户型，客厅空间和形状也会不一，比如有大有小，有长方形也有正方形，所以在电视背景墙的设计形状上也会有所不同。一般来说，空间较大的长方形客厅，可以选择较长的长方形电视背景墙；空间较大的正方形客厅，可以选择正方形电视背景墙。设计手法上，要尽量简洁大气。而对于空间较小的长方形客厅以及正方形客厅，通常可以选择纵向的长方形电视背景墙，而且在设计手法上尽量温馨精致。

图3-13　纵向长方形电视背景墙

2.尺寸

常见的电视背景墙的尺寸长度包括2米、3米和4米。长度为2米的电视背景墙多适用于小户型，虽然从其尺寸长度上来说不算大，但只要运用合理的设计手法，比如通过借用空间的设计手法，在临近电视背景墙的较大空间处设计一个书架或者博古架等，可以起到延伸电视背景墙尺寸长度的作用，同时也会达到凸显大气的效果。

图3-14　通过书架设计延伸电视背景墙

长度为3米和4米的电视背景墙一般会用于较大户型，在形状上多采用长方形，更加贴近人们的审美观，而在设计手法上也相对比较灵活。无论是新中式风格，还是轻奢、简约等风格，都比较适合这种尺寸较大的电视背景墙。

当然，对于别墅等建筑的电视背景墙的设计则需要更大的尺寸，但设计手法上不会有太大的差异，同样需要遵循以人为本的原则。

3.造型

电视背景墙的造型通常会有多种选择，比如常规的造型就包括木质背景墙、壁纸壁布背景墙、乳胶漆背景墙、硅藻泥背景墙、大理石背景墙等。

而在实际的选择上，则需要根据整体的装修设计风格以及主人的喜好来决定。

其实，如果将种类繁多的电视背景墙造型进行归纳、整理并分类，大致可以分为木质背景墙、石材背景墙、涂料背景墙、纸（布）质背景墙。

（1）木质背景墙

由于木质材料具有天然纹理、生态环保、色调柔和等特点，所以木质背景墙往往可以缓解客厅空间的冰冷感，营造温暖舒适的氛围，而且可以呈现自然美的效果，甚至能够与多种设计风格相搭配。

图3-15　木质电视背景墙

（2）石材背景墙

石材背景墙在选材上包括板岩、花岗岩、水磨石、合成石等。其实，这些石材多用于铺设地面，但随着人们对生活品质的提高，同时由于石材具有便于清洁、隔音降噪、防火隔热、高端大气等特定，最终出现了石材上墙的设计形式。

图3-16　石材电视背景墙

石材背景墙的整体设计效果既时尚又彰显品位，尤其是其营造的自然光感效果，可以让其成为客厅空间的一种吸睛设计，通常在很长一段时间内不会过时，可以有效降低返修成本。

（3）涂料背景墙

涂料背景墙包括乳胶漆背景墙和硅藻泥背景墙。这两种背景墙所选用的材质基本都是源于天然、有机材质，比如树脂、硅藻土等，具有分解甲醛、苯、氡气等有害致癌物质的绿色环保特点。所以，涂料背景墙更容易提升客厅空间自然清爽的韵味，而且在设计效果上具有简约、耐看、统一、实用性强的特征。

与此同时，涂料背景墙在设计过程上相对于木质背景墙和石材背景墙更易于操作，因此比较适合那些需要间隔三五年就想更换电视背景墙的人群。

图3-17　乳胶漆电视背景墙

图3-18　墙纸电视背景墙

（4）纸（布）质背景墙

纸（布）质背景墙是指通过粘贴墙纸、墙布等设计的电视背景墙。其实，无论是墙纸还是墙布在家居装修设计中已经普及，对于很多人来说并不陌生，而采用纸（布）质背景墙也是一种简单、不错的设计选择。

因为墙纸以及墙布的样式、图案、花纹等的可选性非常大，而且造价和设计施工相对其他类型的背景墙更便宜、更容易，基本只要契合客厅装修设计的整体风格进行搭配即可。

4.色彩

电视背景墙的设计色彩主要以纯色为主，比如白色、灰色、蓝色、灰蓝色或者其他比较清新的颜色。因为电视墙通常是一块较大的面积，如果选用比较浓重的颜色，在实际效果呈现上往往会更加浓重，会产生一种比较压抑的感受。

图3-19　纯色电视背景墙

不可否认，电视背景墙作为客厅设计的重心，不仅让很多设计师头疼不已，也让很多房屋主人费尽心血。其实，无论是大面积的客厅，还是小面积的客厅；也不管是尺寸较大的电视背景墙，还是尺寸较小的电视背景墙；只要抓住以上几个设计要点，即根据实际情况并结合以人为本的设计理念，都能营造出合适、合理、高端、大气的电视背景墙，打造客厅空间中的一道亮丽风景线。

第五节　客厅的装饰

如果将客厅比作一辆汽车，客厅的整体布局相当于汽车的外观设计，墙面、地面、屋顶的装修设计相当于汽车的内饰设计，沙发的摆放相当于汽车的空间设计，电视背景墙的设计相当于汽车的中控台设计，而客厅的装饰就相当于汽车的氛围灯设计，是点亮整个客厅氛围的加分项。

当然，如果将这个加分项具象的话种类也会非常多，即可用于客厅的装饰物无奇不有，让人眼花缭乱，正应了那句"轻装修，重装饰"。

然而，并不是所有的装饰物都适合客厅设计，以常见的客厅装饰物（挂画、摆件、绿植）来说，也必须按照一定的设计规则进行装饰，才能起到锦上添花的作用。

1.挂画

如果按照挂画的图案风格来换分，大致可以分为山水风景画、动植物画、抽象画、建筑画等；如果按照挂画制作的艺术手法来划分，大致可以分为油画、动感画、木质画等。

可以说，挂画按照不同的特性可以划分为很多种。但无论是什么特性的挂画，其色彩、图案、材质都必须与客厅的设计风格相统一。反之，比如挂画的颜色与客厅的整体色彩反差较大，则会造成严重的视觉负担。

除此之外，在挂画的尺寸选择上，必须重点考虑需要挂画的墙壁面积，避免出现小面积大挂画，或者大面积小挂画的设计形式，否则，会给人一种头重脚轻或者头轻脚重的落差感。

在挂画位置和高度的设计上，一般选择在面向客厅门的墙壁上以及沙发后面的墙壁上装置挂画，阴暗的角落不宜装置；而且高度不宜过高或者过低，其中心应略高于人直立时的平行线，也就是说距离地面的大概在2米左右，提高欣赏的便利性。

图 3-20 欧式风格客厅挂画

2.摆件

摆件的种类非常多，尤其是客厅的摆件。如果按照材质的不同划分，大致可以分为木质摆件、玉质摆件、玻璃摆件、树脂摆件、石材摆件、布艺摆件等；如果按照时期的不同来划分，大致可以分为现代风格摆件、传统风格摆件。

图 3-21 客厅艺术摆件

在客厅放置摆件可以提高客厅的视觉体验感，增加观赏性，但也要遵循一定的技巧。一般应以客厅整体的装修设计风格和色调选择对应的摆件，比如乡村风格的客厅设计应以木质摆件为主，为客厅的自然氛围助力。同时，也应该根据客厅空间的大小选择合适的摆件，切忌让摆件占据客厅太大的面积。

3.绿植

绿植可以说是很多人会在客厅放置的摆件。房子在装修设计过程中会用到大量的材质，难免会存在一些有害气体，比如甲醛等；而且客厅作为会客区难免会有人抽烟，从而也会在客厅空间中留下有害气体，比如一氧化碳、氮氧化物、尼古丁等。所以，摆放绿植的首要作用就是吸收有害气体，还给家人们一个健康的环境。

图3-22　客厅绿植摆件

相对来说，既具有环保作用又具有观赏性的绿植包括大叶绿萝、龟背竹、鹅掌柴等。

（1）大叶绿萝

由于大叶绿萝属于阴性植物，无须阳光照射，既可以放在室内土养，也可以放在水盆内栽种，不但生命力旺盛，而且可以有效吸收空气中的苯、三氯乙烯、甲醛等，非常适合放置在刚装修好的房间内。

（2）龟背竹

龟背竹喜欢温暖湿润，阴凉的生态环境，有一定的耐旱性。它的叶片比较大，轮廓呈心状卵形，具有一定的观赏性。另外，它的寓意非常好，预示着长寿、健康、富贵，所以非常适合室内种植。

与此同时，龟背竹不仅可以吸收二氧化碳、甲醛等，而且可以释放氧气，让客厅环境更加清新。

（3）鹅掌柴

鹅掌柴的环境适应性非常强，在全日照、半日照、半阴环境下均能生长，而且其叶子会随着环境的不同呈现出不同的颜色：全日照环境下叶色呈浅绿色，半日照环境下叶色呈鲜绿色，半阴环境下叶色呈浓绿色。

将鹅掌柴摆放在客厅，不仅好看，而且能够有效吸收留在空气中的尼古丁，起到净化空气的作用。

总体而言，无论如何装饰客厅，最终的目的始终是不变的，即让人感觉舒适、自然、温馨。

第四章

卧室装修设计：
想躺就躺的私
密空间

无论一个人的生命有多长，其人生三分之一的时间都用于睡眠。

从这个层面来说，卧室对于人们的重要性不言而喻，卧室装修设计的好坏将直接影响人们的生理和心理，比如身体情况以及心情状态，进而影响人们的生活、学习和工作。

所以，卧室的装修设计必须以舒适为主，让人们可以得到更好的休息。

卧室别只注重睡觉功能

犹如客厅的装修设计需要以电视（或者其他）为中心一样，卧室的装修设计也需要先找到设计中心才能进行风格、布局等设计。

一般来说，卧室装修设计的中心就是床。而且由于床具有占地面积大，色彩、风格（中式、欧式、日式等）、材质（木质、皮质等）、造型（长方形、圆形等）不一等特点，所以需要先将床的摆放位置，以及风格、造型等确定之后，才能继续下一步设计。卧室空间的整体布局与设计都必须与床的风格、色彩等相统一。

图4-1　以床为中心的装修设计

与此同时，本着为卧室营造一种舒心睡眠的空间环境的原则，卧室的地面、墙面以及屋顶的装修设计也应以简约为主，否则，将造成一种压抑的氛围，不利于睡眠休息。

通常情况下，卧室的屋顶不采用吊顶设计，如果想要兼具美观性也只能做简单的吊顶设计；墙面和地面的装修设计则应以隔音为主要的设计原则，毕竟卧室是一个私密空间，所以要最大化保证隔音效果。

诚然，做好以上几个步骤的装修设计工作之后，便可以发挥卧室的睡觉休息功能，但是这种睡觉功能仅局限于传统模式的装修设计中。由于人们对于居住环境的要求与追求的不断提高，已经不再满足于卧室仅可以提供的睡觉功能。当然，这可能是因为随着房价的不断上涨，人们更希望将有限的空间多功能化。

所以，无论出于什么样的原因，在卧室的装修设计过程中都不应该只注重睡觉功能，因为卧室还可以发挥学习、办公、娱乐、休闲、换衣等功用。

1.学习（办公）区

对于在职场打拼的上班族，或者是有孩子的家庭，或者是兼职在家赚钱的人，往往需要一个安静的学习或者办公的环境。而卧室的隐私性恰好可以满足这种环境的要求，而且设计起来也比较简单。

例如，在光线较好的床头的一侧，或者临近窗户的地方，紧贴墙壁摆放一张简易的书桌即可。这种简约的学习（办公）区既不会占据卧室太大的空间面积，也不会让整个卧室风格看起来突兀，同时满足了主人随时充电学习（办公）的需要。

图4-2　卧室的学习（办公）区设计（1）

图4-3　卧室的学习（办公）区设计（2）

2.视听区

很多人喜欢躺在床上追剧，那么如何在卧室设计一个视听区，让卧室的功能更加丰富呢？

以常规的卧室视听区设计来说，往往会选择在床尾的墙面上装置电视机或者作为投影机的投影区。当主人依靠在床头位置观看节目的时候，既可以与视听区形成一定的距离保护眼睛，也可以更加舒适地使用视听功能。

除了在床尾的墙面上设计视听区，对于空间较大的卧室来说，也可以在床的侧面设计视听区，以床的一侧替代沙发的坐卧功能，同样可以带来舒适的视听体验。

图4-4　视听区设计

3.休闲区

每逢周末或者节假日，很多人都向往找一个属于自己的私密空间发发呆、看看书、品品茶、晒晒太阳等，急需在忙碌以及快节奏的生活告一段落后，用慢生活的乐趣来冲淡、洗涤留在心灵深处的紧张、焦虑与压抑。

如果卧室中带有飘窗，不妨在飘窗上铺设一个柔软的坐垫，放置一个小台桌和靠背，便可以打造轻松和舒适的休闲区氛围。即便没有飘窗，也可以在靠近窗户的地方放置一张休闲椅，同样可以享受一个人的惬意生活。

图4-5 以卧室飘窗设计的休闲区（1）

图4-6 以卧室飘窗设计的休闲区（2）

4.换衣区

如果能在卧室设计一个衣帽间，相信对于很多房屋主人来说都是一个小惊喜。但是在很多人的固有观念中，衣帽间一定是需要占据很大空间的，如果不是几百平方米的大House根本不可能实现。

难道真的是这样吗？在不是很大的卧室空间内打造一个独立的换衣区就这么难吗？

实际是，在卧室设计一个小型的换衣区仅需要4平方米的空间面积。在设计手法上，可以将衣柜设计成"U"字型，也就是说这个"U"字型的衣帽间的三面或者两面都是衣柜。衣柜的深度不宜过大，通常以50~60厘米为宜，衣帽间的深度则以2米左右为宜，宽度在1米左右，使衣帽间形成狭长形状。

图4-7　小型衣帽间

融合睡觉、学习、办公、休闲等功能于一体的卧室，才可以让生活更加舒适惬意，才可以满足享受生活的要求。

第二节 卧室色彩的搭配与设计

卧室在一所房子里面的重要性是不言而喻的，既要担负睡觉休息的作用，也要让主人得到最大化的身心放松。

这就要求在卧室的装修设计上不仅要功能齐全，而且要足够温馨，成为一个能够承担起舒缓身心、彻底放松、毫无戒备作用的地方。

那么，这就离不开对卧室的色彩进行精心搭配与设计。要知道，卧室色彩如果搭配与设计得不好，很容易让人产生压抑感、烦躁感，将会严重降低睡眠质量。

然而，在卧室色彩的搭配与设计上，用到最多或者最常规的色彩都有哪些呢？

1.白色

白色是人们用眼睛能够识别的一百多种色彩中的经典颜色之一，具有简单大方、耐看不容易过时的特点。如果卧室整体使用白色，虽然看起来缺乏一丝高大上的感觉，但是其后期的延展性比较大，而且实用性也比较强。

比如，白色使用几年后，想要更换其他颜色，只需要在其基础上直接喷涂即可，既省时也省力省钱。更重要的是，白色的卧室墙面，可以降低在卧室设计视听区的成本。因为白色墙面可以直接用于投影仪的幕布。

而且，从色彩的纯度（色彩的鲜艳程度）来讲，白色的纯度也比较低，相对于纯度较高的色彩来说，让人感觉更舒适、通透。

图4-8　白色搭配设计的卧室

2.灰色

其实一提到灰色，让人第一时间想到的色彩并不是纯灰色，而是一种叫高级灰的色彩。

高级灰是经过调和的色彩，不仅从纯度上来说属于偏低的色彩，而且从亮度上来说也是属于中等亮度的色彩。这种色彩既不会像高亮度色彩那样让人感觉过于兴奋，也不会像低亮度色彩那样让人感觉过于沉重，而是通过中等的柔和亮度，降低强烈、刺眼的视觉感受，给人营造一种安逸、放松、平静、和谐的居住氛围，让整个卧室变得更加温馨，更有利于提高睡眠质量。

图4-9 高级灰搭配设计的卧室

3.淡蓝色

单纯的蓝色属于一种纯度较高的色彩，容易形成强烈的视觉冲击感，不利于睡眠。而淡蓝色则属于明度和纯度都处于中等水平的色彩，用于卧室色彩的搭配与设计，不仅彰显浪漫气息，而且比较清新，容易让人放松身心，可以为卧室营造一种祥和舒适的氛围。

其实，在卧室色彩的搭配与设计上，也不一定完全采用常规色彩。因为色彩运用的核心在于如何搭配，正如没有一种色彩是特立独行的一样，只要找到色彩搭配的规律，以及色彩的主要特性，便可以设计出舒适的卧室环境。

比如，色彩的另一种特性——色调。如果将不同的色彩按照色调来划分，大致可以分为暖色调、冷色调以及中性色调。

暖色调通常是指可以让人联想到温馨、活力、温暖、热烈的色彩，包括红色、黄色、橙色。

图 4-10　浅蓝色搭配设计的卧室

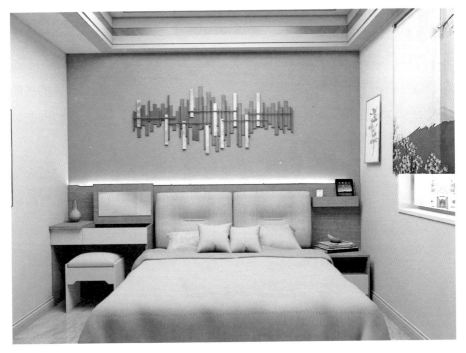

图 4-11　暖色调搭配设计的卧室

冷色调是指可以让人联想到凉爽、清澈、清新的色彩，包括绿色、蓝色、紫色。

图4-12 冷色调搭配设计的卧室

中性色调是指可以让人联想到宁静、简约的色彩，包括黑色、灰色、白色、金色、银色。

图4-13　中性色调搭配设计的卧室

　　实际上，即使同样的色彩有人喜欢也有人不喜欢。因为每个人的审美观是存在差异的，所以在卧室的色彩搭配与设计上，需要因人而异，只有选择适合自己的色彩，才能让自己住起来更加舒服。

第三节　卧室如何设计照明

在讲述卧室如何设计照明之前，先认识一个新概念——褪黑素。

褪黑素的英文全称是Melatonin，所以也被简写为"MT"。褪黑素是由人体大脑中的脑松果体分泌的一种激素，也经常被称为褪黑激素、褪黑色素、松果体素，是一种属于吲哚杂环类的化合物。

可能有人会疑惑，这里讲述的是卧室的照明如何设计，为什么要讲述这种人体生理知识呢？

其实，褪黑素与人们的睡眠有着密切联系，而卧室的照明设计又与人的睡眠有着密切联系，所以褪黑素也就与卧室的照明设计有着不可忽视的关联性。

褪黑素的分泌是有昼夜节律的。夜幕降临后，光刺激减弱，松果体合成褪黑素的酶类活性增强，体内褪黑素的分泌水平也相应增高，在凌晨2~3点达到高峰。夜间褪黑素水平的高低直接影响到睡眠的质量。随着年龄的增长，松果体萎缩直至钙化，造成生物钟的节律性减弱或消失。35岁以后，体内自身分泌的褪黑素明显下降，平均每10年降低10%~15%，导致睡眠紊乱以及一系列功能失调。褪黑素水平降低、睡眠减少是人类大脑衰老的重要标志之一。因此，从体外补充褪黑素，可使体内的褪黑素水平维持在年轻状态，调整和恢复昼夜节律，不仅能加深睡眠，提高睡眠质量，更重要的是改善整个身体的机能状态，提高生活质量，延缓衰老的进程。[1]

有人曾对褪黑素的分泌量与分泌周期做过长时间研究，最终结果证明，褪黑素在白天的分泌量只有夜间分泌量的10%~20%，而且会在24小时内出现一个完整的分泌周期。

---

[1] 赵瑛. 松果体及褪黑素[M]. 上海：上海科学技术文献出版社有限公司，2004：5-161.

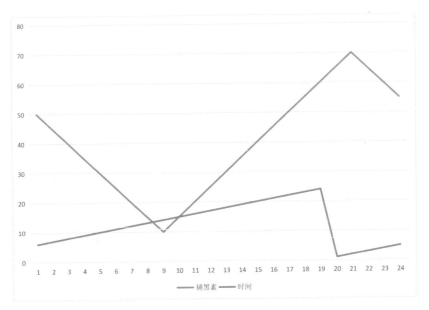

图4-14　褪黑素分泌周期

换句话说，如果卧室中的光照过于强烈，则会妨碍人体褪黑素的分泌，影响人们的睡眠质量，甚至会导致人们的生物钟紊乱。所以，在卧室照明设计方面需要重点关注光源的照度、色温和亮度。

1.照度

简单而言，照度就是光照强度，但并不是没有任何要求的光照强度，更不可以理解为光照射在某一个方向上的密度，而是光照射在单位面积上的可见光的光通量。通俗来说，照度是指一个物体的单位面积可以获得多少光，与光照的强弱以及物体单位面积所接受的照明程度成正比。照度的单位是勒克斯，用字母Lux或lx表示。

表4-1　不同光照条件下的照度

光照条件	照度（单位：lx）
夏季阳光直射的室外	6万~10万
夏季没有阳光的室外	0.1万~1万
夏季有阳光的室内	100~550
夏季夜晚晴朗的室内	0.21
安装1瓦白炽灯的室内	12.56
安装1瓦荧光灯的室内	37.68~50.24

同时，即便是同样的白炽灯，其有无灯罩以及安装高度也会对照度产生影响。在没有灯罩的白炽灯发出的光照中，仅有70%左右的光通量被人体接收，其余的光通量则被屋顶、墙面、衣柜、床体等吸收。如果是在有灯罩的情况下，1瓦白炽灯距离地面2米以上，且不超过2.5米，那么每单位面积的人体可接收的照度大约为4lx。

图4-15 卧室照明设计（1）

而以大众群体在卧室所需要的照度来说，大约为75lx，一般根据这个照度来设计卧室的照明便可以在一定程度上保证人们的睡眠质量。

2.色温

用于计量光线中所包含的颜色成分的单位就是色温，计量单位是开尔文，用字母K表示。某一光源所发出的光在人的视觉上的感受，通常会随着色温的变换而变化，而且会产生不同的体验感。

表4-2 不同色温的光源变化以及人体感受

色温（单位：K）	光源变化	人体感受
<3000	暖光，偏黄色	温暖、舒适
3000~5000	中性光，偏冷色	爽快、清新
>5000	白光，偏白色	刺眼、清凉

当然，上述表格中所提到的不同色温带来的人体感受，不仅是以照度适宜为前提，而且光源的亮度也要适中。

图4-16　卧室照明设计（2）

3. 亮度

亮度是指人体单位面积被光源照射后所呈现的明亮程度，单位是坎德拉/平方米，用字母表示为cd/m，也可以用尼特表示。

根据人眼机理及人的视觉模型，人眼感知的主观亮度和实际的客观亮度之间并非完全相同，但是有一定的对应关系。人眼能够感觉的亮度范围（称为视觉范围）极宽，从千分之几尼特直到几百万尼特。如此之宽是由于依靠了瞳孔和光敏细胞的调节作用。瞳孔根据外界光的强弱调节其大小，使射到视网膜上的光通量尽可能是适中的。在强光和弱光下，分别由锥状细胞和杆状细胞作用，而后者的灵敏度是前者的1万倍。在不同的亮度环境下，人眼对于同一实际亮度所产生的相对亮度感觉是不相同的。例如对同一电灯，在白天和黑夜它对人眼产生的相对亮度感觉是不相同的。另外，当人眼适应了某一环境亮度时，所能感觉范围将变小。例如，在白天环境亮度10 000特时，人眼大约能分辨的亮度范围为200~20 000尼特，低于200尼特的亮度同感觉为黑色。而夜间环境为30尼特时，可分辨的亮度范围为1～200尼特，这时100尼特的亮度就引起相当亮的感觉。只有低于1尼特的亮度才引起黑色感觉。[①]

图4-17　卧室照明设计（3）

如果在色温低于3000K的情况下，想要保障温暖舒适的人体感受，就需要保证光源的亮度不能过高也不能过低，过高就会让人感觉闷热、烦躁，过低则会让人感觉阴冷、压抑。

综上所述，在对卧室照明进行设计的时候，一般需要将照度控制在75lx左右，色温控制在2700K~3000K之间，亮度控制在50尼特左右，方能提高人们的睡眠质量。

① https://baike.baidu.com/item/%E4%BA%AE%E5%BA%A6/645802?fr=aladdin#ref_[1]_34773

第四节 卧室收纳设计有技巧

卧室除了能够提供让人休息、办公、学习等功能，也应该时刻保持整洁，让人在卧室里面无论是睡觉还是工作、看书等，都能够感到舒心。

与此同时，由于房屋的单位面积价格不断上涨，空间价值居高不下，导致人均居住成本负担加重。在这种高成本生活的压力下，人们对提升空间利用率的愿望更为迫切。

对于卧室的装修设计，没有人不希望除了衣柜之外可以增设更多的收纳空间，让卧室环境更加干净整洁。

那么，有哪些空间可以利用呢？又有哪些巧妙的设计手法可以增加卧室的收纳空间呢？

1.床头

图4-18 床头收纳空间设计

床头空间在很多卧室的设计过程中是被遗弃的。其实，床头空间尤其是床头后面的墙壁是可以充分利用的，即不要单独的床头柜，而是与床头柜一起做成一个整体的可以将床头包围起来的收纳柜，甚至可以在一侧做成书桌。

这样一来，既增加了收纳空间，也打造了一个工作学习空间，可谓一举两得。

2.床底

图4-19　榻榻米床设计

虽然床是卧室中必不可少的一件家具，但是对于床的使用功能，大部分人仅停留在睡觉上，忽视了床下的巨大空间。

其实，在购买床的时候，就可以通过购买带有收纳功能的床，增加卧室的收纳空间。床下的收纳空间比其他收纳空间更大，可以将很多体积较大的物品存放在里面，比如被子、过季的衣物等。

除了购买带有收纳功能的床，比如箱体床、组合床等，也可以通过设计榻榻米床增加床下的收纳空间。

3.衣柜

衣柜似乎是很多卧室都必备的一件具有收纳功能的家具，但是传统衣柜往往是下接地面，上不接屋顶，这就造成了一部分空间的浪费。如果将衣柜设计为一整面墙，并且上接屋顶，不仅扩大了收纳空间，而且不容易掉落灰尘，使卧室环境更加干净。

图4－20　整面墙衣柜设计

图4－21　飘窗收纳空间设计

4.飘窗

飘窗已经是很多卧室都拥有的一种造型结构，将其合理设计利用，也可以变成收纳空间。比如，在飘窗的一侧设计一列吊柜，可以做成封闭式的，也可以做成开放式的，既可以放书也可以放一些小物品，让飘窗作为休闲区的同时，又可以随手整理一些杂乱的物品。

真正让人能够提升生活幸福感的设计，往往同时具备了功能性、实用性、观赏性、合理性等，可以从根本上满足人们的日常生活需求以及审美需求。

第五章

厨房装修设计：
有烟火气的
"诗与远方"

由中华人民共和国住房和城乡建设部标准定额研究所组织中国建筑工业出版社出版发行的《住宅设计规范》一书中，曾对厨房的最小面积做出了明确说明，即厨房的最小面积应该大于等于5平方米。

其实，对于常规住宅性房屋的厨房装修设计来说，厨房过大或者过小都会给人们带来一定的烦恼。如果厨房面积设计得过大，往往会造成空间价值的浪费；如果厨房面积设计得过小，不利于厨房油烟和热量的散发。

那么，究竟应该如何对厨房进行装修设计呢？

第一节　梦想中的厨房布局

厨房在一个家庭中不仅承担着煎、炒、烹、炸等功用，是最具烟火气的地方，而且肩负家人之间增进感情的功用，是直接传递情感的发源地。

换句话说，厨房的装修设计是否合理，关系着是否可以给人们带来更美好的生活享受。

如果以人正常且舒适的活动空间来看，厨房的净宽应该在1米左右，这样才便于人们日常使用。同时，在厨房的布局上，也应该尽量按照人们习惯性的操作流程进行设计。否则，就会让人们在使用过程中感觉拥挤，不但累而且会影响心情，最终影响烹饪质量。

具体而言，在厨房的布局上主流的设计包括一字形、L型、U型、岛型等形式，但必须都要以保证厨房的烹饪流程顺畅为设计前提。

图5-1　厨房工作流程

1.一字型厨房布局设计

一字型厨房布局设计就是将所有的厨房操作流程布局在一条直线上。这种厨房布局一般适用于比较狭长的厨房空间。由于其具有清晰的动线，操作起来比较流畅，可以有效提高烹饪效率，也方便将相应的烹饪工具放置在对应的工作台上。这种厨房布局设计视觉上更敞亮、整洁，所以很多人在厨房空间允许的情况下会首选一字型厨房布局设计。

图5-2　一字型厨房动线

2.L型厨房布局设计

L型厨房布局也是人们在装修时比较喜欢的一种设计形式，同样适用于比较狭长的厨房空间。

L型厨房的布局重点是充分利用拐角空间，从而将水槽与其他区域进行合理区分。这种设计手法，是为了让洗涤与烹饪有效分开，在有需要的情况下，两种操作流程可以同时进行，从而提高烹饪效率，减少家人的等待时间。

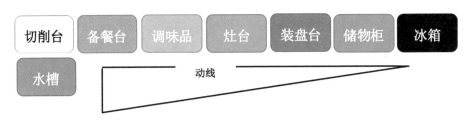

图5-3　L型厨房动线

图5-4　L型厨房布局设计

3.U型厨房布局设计

U型厨房布局是将厨房的三面都利用上的一种设计形式，重点在于将水槽、储物区、烹饪区明确进行划分，不仅可以提高厨房空间的利用率，而且更方便烹饪。另外，这种设计在视觉上也会给人营造一种宽敞的感觉，出入也比较方便，更加人性化。

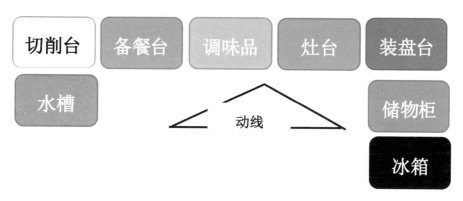

图5-5　U型厨房动线

图5-6　U型厨房布局设计

4.岛型厨房布局设计

岛型厨房布局其实就是在L型厨房布局的基础上增设一个小吧台，这个小吧台的四周不与任何东西相连接，从而使其看起来更像一座小孤岛。这种设计形式可以进一步放大厨房的功能，不仅可以在厨房完成烹饪，而且可以将吧台划分为一个新的就餐区。

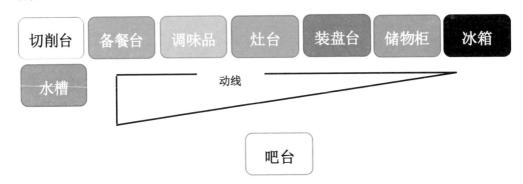

图5-7　岛型厨房动线

图5-8　岛型厨房布局设计

岛型厨房布局设计更适合追求精致生活的人群，具有一定的小资情调。

实际上，除了一字型厨房布局设计的动线是一条直线外，其余几种厨房布局设计的动线都呈三角形。这也是很多顶级大厨非常重视的"活动三角"，即水槽、灶台以及冰箱连接起来可以形成一个三角形，而且这个三角形的边长之和在5米左右最为合适，可以大大减少烹饪时人们的活动量。

值得注意的是，在对厨房进行布局时，如果厨房有窗户则不宜将灶台设计在窗户下边。

厨房是一个凝聚烟火气的地方，科学的布局、合理的设计，往往会帮助人们营造更丰富的生活环境。

第二节　是否安装橱柜

没有橱柜的厨房不能算作真正意义上的厨房，这样说或许有些危言耸听，但是橱柜对于厨房的重要性是不言而喻的。

无论是大厨房还是小厨房，橱柜都是厨房中最重要的家具之一。通过巧妙的设计以及合理的空间布局，橱柜能够让整个空间散发时尚感，更重要的是可以提高厨房空间的利用率，扩大厨房的收纳空间，让房屋主人在厨房也能够恣意享受生活。

1.重收纳

无论是地柜还是吊柜的设计，都要以最大化收纳为设计重点。要知道，厨房内需要存放的物品不是只有碗盘、柴米油盐，甚至还有饮料、酒水，以及厨余垃圾。每一种物品都应该让其有一个专属的位置，这样厨房才不会看起来杂乱无章，更不会蚊蝇乱飞、异味扑鼻。

图5-9　厨房收纳空间设计

例如，可以在地柜或者吊柜内设计一个狭长的空间，并用隔板等将空间分割成多个上下狭长的小空间，如此便可以将盘子竖着进行收纳。这样一个收纳空间往往可以收纳多个盘子，有效地提高了厨房空间的利用率。

同时，由于调味品的种类比较多，用于盛放的瓶瓶罐罐更是数不胜数，如果能够在橱柜中设计一个拉篮，不仅可以节省操作台的空间，也可以有序摆放，使用起来也会有的放矢。

除此之外，在橱柜中设计一个专门存放垃圾的空间，可以有效解决将垃圾随处乱丢的烦恼。采用推拉式的设计手法，将垃圾箱隐藏在橱柜里面，既利用了橱柜的收纳空间，也让厨房更加干净整洁。

2.便捷性

当人们越来越看重生活品质的时候，哪怕是对于厨房橱柜的装修设计，也会提出种种要求，不仅要求有足够的收纳空间，也要求各种设计要足够便捷。

相信很多人在使用传统橱柜时都遇到过这种尴尬：由于厨房空间有限，打开橱柜门的时候，厨房的过道就变成了一个摆设，无法让人顺利通过，橱柜门成了阻碍人们穿行的一道"墙"。

如果采用插入式设计手法设计橱柜门，则可以有效解决这个问题。橱柜门打开时会沿着橱柜的两边缩进去，减少厨房过道间的阻碍。同时，这种设计形式也方便使用微波炉、烤面包机等，将橱柜门打开便是一个开放空间，微波炉、烤面包机无须取出即可使用。

3.舒适性

很多人在使用购买的成品橱柜时会感觉劳累，时间长了甚至会感觉腰酸背痛，这是为什么呢？

究其原因，购买的成品橱柜的高度往往是相同的，而且是依据常规高度进行的设计，所以并不会适合所有的使用者，这就难免让人们在使用的过程中出现弯腰、抬胳膊等情况。

所以，在自主装修设计橱柜的时候，一定要注意橱柜的高度问题，应该以舒适性为设计原则。

图5-10　80厘米橱柜高度设计

一般来说，地柜的高度为经常使用者身高的二分之一左右为宜。例如，使用者的身高为1.7米，那么地柜的高度应该在85厘米左右。吊柜的高度（以吊柜底面为标的）为经常使用者身高的四分之三左右位置，往往要高于地柜50厘米左右。

4.时尚性

人们对于生活品质的追求可以说体现在了方方面面，比如用于盛放饭菜的餐具也是不断追求观赏价值。这就对橱柜的设计提出了更高的要求：不能埋没了餐具的观赏性，所以对于橱柜的设计也要具有时尚性。

图5-11　橱柜黑白色彩搭配设计

　　例如，采用玻璃橱柜的设计手法可以让餐具的观赏价值展露无遗。同时，可以搭配不同的色彩，如黑色的玻璃吊柜与白色的地柜或者是与白色的地面、墙面等，可以形成线面的色彩对比，让空间更具立体感、纵深感，视觉上也比较时尚且具有活力。

　　当各种手机APP夺取了人们更多的碎片化时间后，似乎只有厨房是能让人们不得不放下手机的地方，厨房在人们的生活中承担了太多的责任，具有深刻的意义。这也更契合了那句说法——金厨银卫。

第三节　有效布置厨房照明

关于家装照明，相信很多人会将关注焦点更多地放在客厅、卧室等空间。在很多人看来，厨房不过是一个用来做饭的地方，总是会充满油污、烟尘等，没有必要将更多的时间、精力、金钱用在厨房中。

其实，厨房也是一个家庭中非常关键的空间，它不仅可以联络家人之间的感情，也会对使用者的心情产生一定影响，尤其是厨房的照明设计。

例如，传统的厨房照明设计模式通常是一个厨房只设计一盏灯，而在使用过程中很容易造成背光现象，为使用者带来不便。

因此，厨房照明的布局设计非常重要。那么，我们究竟应该如何对厨房照明进行合理的布局设计呢？

一般来说，厨房不会用来招待客人，所以厨房照明布局设计的重点应该放在功能性与便利性上。

1.整体布局

厨房照明的整体布局应以多层次照明为主，可以由吊灯、吸顶灯、筒灯、灯带等不同的多个灯具和光源组成，而且在光源的亮度上应该尽量均匀。

针对不同造型的厨房则应选择不同的光源，比如长方形的厨房适合采用吸顶灯，至于光源的风格则应根据厨房的整体装修风格以及使用者的喜好来选择。

图 5-12 厨房照明组合设计

2.光源角度

光源的角度设计一般在所需区域的上方，比如悬坠式灯具的高度应该高于人的头部，既不能与人发生碰撞，也不能与其他物品相互遮挡，这也是为了防止背光的出现。

图 5-13 悬坠式灯具高度设计

3.局部照明

现代厨房照明设计不仅要考虑整体布局设计，也要对局部照明进行合理设计。比如洗涤区、灶台区、橱柜内部等，都应设计相应的照明，提高烹饪与取放物品的便利性。

图 5-14　橱柜内部照明设计

4.气氛营造

虽然厨房不是会客区，但是对于向往品质生活的人来说，厨房的任何一处装修设计都不应该被忽视或者省略。在这些人看来，厨房除了具有饱腹作用之外，也是美食诞生的地方，甚至是憧憬美好生活的地方，所以她们更愿意将厨房氛围设计得浪漫温馨一些，让家人和自己都能通过美味的食物感受到生活的幸福。

而想要营造厨房温馨的氛围，往往可以通过设计灯带照明或者采用艺术造型的钨丝灯等，为厨房打造明亮、温暖、温馨的气氛环境。

图 5-15　厨房照明灯带设计

5.容易清理

不可否认的是，无论厨房的设计多么巧妙，也阻止不了油烟、污渍的产生，所以在厨房照明设计上也需要注重方便清洁打理。

同时，由于厨房特殊的环境，使得打扫清理的频率肯定要高于其他空间。这就要求在照明设计的灯具选择上应该尽量简洁，并尽量远离灶台。

总之，兼具功能性与便利性的厨房照明设计，才可以让使用者更快速、愉快地进行烹饪，也让生活变得更加丰富多彩。

第四节　厨房水槽注重实用性

虽然水槽所占据的厨房空间不足1平方米，但是厨房水槽的设计是厨房装修设计的核心。为什么这么说？因为水槽设计不合理会让烹饪变成一件痛苦的事情。相反，如果水槽设计科学，不但能提高烹饪效率和质量，就连洗菜、洗碗也会变得非常便捷。

1.水槽选用——能单不双

对于水槽的选择，很多人会纠结于选用单槽还是双槽。其实，仅从单槽和双槽的造型设计来说，由于单槽就是一个水槽，而双槽是一大一小两个水槽，所以选择双槽会感觉更实用一些。

但是从单槽和双槽的长度来说，常规单槽的长度一般会大于55厘米（除定制款），而双槽中大槽的常规长度最长也仅有40厘米。如果结合实际使用场景，单槽的水槽长度往往可以提供足够的空间清洗各种锅碗瓢勺，而双槽的大槽则不方便清洗一些厨具，比如常规使用的炒锅、砧板等。

图 5-16　单水槽设计

图 5-17　双水槽设计

当然，也有人会认为使用双槽可以更好地进行清洗分区，比如蔬果可以用小槽清洗，油污的物品用大槽清洗，更加清洁卫生。实际上，单槽又何尝不能当作双槽来使用。最简单的方法就是，通过沥水盘、沥水架等，一秒钟便可将单槽变成双槽，既不会溅水也方便使用。

2.水槽深度 —— 能深不浅

想要在清洗物品的时候防止水槽往外溅水，除了选择单水槽之外，也要注意水槽深度的设计。

通常情况下，一旦水槽深度低于20厘米，往往就会向外溅水，所以水槽的深度应该大于或者等于20厘米。

3.水槽高度 —— 能高不低

水槽的高度一般是由厨房操作台的台面高度决定的，而根据上面讲述的地柜高度的计算方式，水槽的高度也应该控制在使用者身高的二分之一左右。

然而，考虑到水槽并不是一个平面，所以还要结合水槽的深度进行设计。这就是说，实际的水槽高度需要在使用者二分之一身高的基础上再加20厘米。如果以经常使用者身高1.7米为例，那么水槽的合理高度应该在1米以上，这样就不会让使用者在使用水槽的时候长时间以及频繁弯腰。

当然，这也是现代厨房中一种比较流行的设计形式，即水槽和灶台采用一高一低的设计手法，将水槽做高灶台做低。这样一来，每个区域都可以合理使用，而且视觉上也会有层次感。

4.水槽安装 —— 能下不上

在水槽的安装设计上也有一定的原则需要遵循。一般情况下，水槽的安装设计分为在厨房操作台面上进行安装和在厨房操作台面下进行安装。

在厨房操作台面上进行安装就是将水槽直接放在操作台面上，同时用玻璃胶、黏合剂等将其进行固定，相对来说操作简单而且省时省力省钱。但是其缺点也是很明显的，比如不方便清理、妨碍烹饪操作流程等。

在厨房操作台面下进行安装就是将台面按照水槽的尺寸开槽，由于台面下方是地柜有一定的空间，可以直接将水槽沉下去，水槽的槽边与操作台面在一个平面上，并用玻璃胶或者黏合剂进行固定。这种设计方式的优点是美观、方便使用、容易清理等，但是也有其缺点，即安装比较麻烦，而且相比较在厨房操作台面上安装水槽的方式成本大。

综合两种水槽的安装设计方式，需要遵循的设计原则应该是"能下不上"。

5.水槽水口——能圆不方

水槽下方的出水口一般分为方形和圆形，而且两者各有优劣。方形下水口相对于圆形下水口往往会更大一些，但是方形下水口容易造成残渣的留存，很容易产生卫生死角；而圆形下水口出水比较流畅，每次清洗餐具或者青菜、水果的时候，残渣、污渍等都会很快通过圆形下水口流出。所以，在水槽下水口的设计与选择上应该尽量使用圆形下水口。

虽然水槽的设计对于厨房的整体装修设计来说只是一个小细节，但也应该引起足够的重视。正所谓"细节决定成败"，如果水槽这个细节处理不好，将会严重降低厨房空间的使用率。

水槽的设计决定了一个厨房是否属于好用的厨房，而一个好用的厨房才是真正意义上的好厨房。

第六章

卫浴装修设计：干湿分离，各司其职

为什么有些人装修设计的卫浴间总是湿答答的？

为什么有些人装修设计的卫浴间总是乱七八糟？

为什么有些人装修设计的卫浴间总是不见天日？

…………

这些问题背后的推手不外乎人们在装修设计卫浴间的时候，将更多的精力用在了华而不实的卫浴产品上，从而忽视了卫浴间真正的功能，为后期的使用埋下了隐患。

所以，在卫浴间的装修设计方面，应该重点分清主次，以提高卫浴间的实用功能为设计原则。

第一节 卫浴墙面、地面、屋顶的设计原则

可以说，在房屋的整体装修设计过程中，卫浴间也是不容忽视的一个关键空间。虽然卫浴间在大部分的房屋整体空间面积中只占据很小的一部分，但是需要考虑的地方以及注重的细节却不亚于其他任何空间。

尤其是对于卫浴间墙面、地面、屋顶的装修设计，一旦粗心大意，往往会为后期入住埋下隐患，甚至会让人产生重装的想法，既浪费金钱又浪费精力，严重影响住户的心情。所以，卫浴间墙面、地面、屋顶的装修设计必须遵循一定的原则。

1.墙面设计原则

图6-1　浅色墙面设计

一般而言，卫浴间的墙面装修设计应该遵循干净、简洁、私密的原则。例如，可以采用浅色或者上浅下深的色彩搭配设计手法，让面积不大的卫浴间在视觉上更干净，同时也可以增强空间感。

除此之外，很多人也会选择瓷砖装修卫浴间的墙面，利用瓷砖的光滑、耐潮等特性化解卫浴间水汽多的烦恼，从而起到防止墙皮脱落的作用。当然，如果想要节约成本，也可以将除了淋浴间之外的空间进行半粘贴，也就是将瓷砖的粘贴高度控制在一定范围内，比如从地面向上粘贴1.5米左右，上半部分则可以选择其他具有防水性能的材料。

2.地面设计原则

卫浴间地面的装修设计注重的是防水、耐脏、防滑，尤其值得注意的是排水性。要知道，一旦卫浴间的排水功能没有设计好，就会造成积水，不但每次洗完澡之后都要费力地解决积水问题，而且地面长时间被浸泡也容易起鼓，渗水。

然而，如何做好卫浴间的排水？传统的方式是将地面进行倾斜设计，让地面形成一定的坡度。这种设计形式虽然提高了卫浴间的排水性，但是降低了防滑性，使用时容易让人摔倒。

那么，有没有一种兼顾排水性和防滑性的地面设计方式呢？答案是肯定的。

将卫浴间的地面进行拉槽设计，不仅更符合卫浴间空间的大小，而且排水性更高。简单来说，拉槽设计就是在卫浴间沐浴的地方将地面做高，并对做高的地面铺设的大理石、瓷砖等材料进行有规则的切割。比如，可以切割为十字形槽或者条形槽，槽的宽度一般在10厘米左右，深度在1厘米左右，槽与槽之间相互交叉，形成网格状。

拉槽设计的地面排水速度相比斜坡地面的排水速度更高效，通常可以达到斜坡排水效率的3至5倍，能够让地面快速恢复干燥。同时，因为拉槽设计的地面形成网格状，有效提高了摩擦力，所以防滑效果更佳，使用起来更安全。

3.屋顶设计原则

卫浴间的屋顶设计偏向于安全、易清洁、美观。几乎在所有的卫浴间装修设计过程中，都需要进行吊顶设计。这是因为在房屋的建筑过程中往往会把管路等集中放在卫浴间的上方，如果不进行吊顶设计，一旦发生管路脱落等情况，就会带来安全风险。而且，不进行吊顶设计，人们在视觉上也会感觉杂乱，对整体的装修风格产生影响。

从卫浴间吊顶的高度来说，由于卫浴间的高度与其他空间的高度基本一致，如果吊顶过高难免会让人产生空荡、冷寂的感觉，所以吊顶高度一般控制在2.5米左右。这样的吊顶高度既不会让人感觉压抑，也不会让人在清洁的时候过于费力。

在人们追求高品质生活的时候，卫浴间也承担着不可推卸的责任。从小的方面来说，卫浴间可以帮助人们清洗身体上的尘垢，也是人们排泄身体中的垃圾的地方；从大的方面来说，卫浴间关系着人们的身体健康情况。所以，卫浴间的装修设计同样来不得半点马虎。

第二节　卫浴装修可以发挥点灵感

毫无疑问的是，几乎每个人每天都是从卫浴间开始，又从卫浴间结束。卫浴间所扮演的角色已经成为人们生活中不可忽视的一个存在。

装修设计合理的卫浴间往往会成为人们最喜欢的独处之地，安静的氛围可以有效化解人们因为忙碌生活与工作带来的紧张感、压迫感、疲劳感等。

所以，在卫浴间的装修设计上不妨发挥点灵感，让卫浴间成为自己专属的空间。

1.洗手台设计

图6-2　双洗手台设计

从高度上来说，洗手台的设计高度应结合使用者的实际身高，避免使用时长时间弯腰带来劳累感。例如，使用者的身高为1.7米，那么洗手台的设计高度应该在85厘米左右，也就是说洗手台设计的高度应该在使用者身高的二分之一左右。同时，在洗手台的设计上应该尽量以台下盆的设计形式为主，因为台下盆相比台上盆的设计更容易清洁，更容易防止卫生死角的形成。

如果家庭成员比较多，尤其是对于有孩子的家庭，还可以选择双洗手台的设计手法。无论是早晨还是夜晚，孩子与父母可以同时使用互不干扰，而且可以营造更加亲密的亲子氛围。

2.防水设计

卫浴间是与水打交道最多的空间，如果防水设计做不好将会为后期生活带来诸多麻烦。一般来说，防水设计的高度应该控制在1.8米左右，即使淋浴也不必担心出现漏水问题。

3.装饰设计

卫浴间不一定都是人们传统观念中的那种枯燥、乏味的环境。例如，在卫浴间选定一面墙，挂上几幅壁画，或者在某个角落放上几束鲜花，都可以让卫浴间更加生动、丰富、多彩。

图6-3　卫浴间装饰设计

4.色彩设计

白色好像在很多人的观念中被列入了"不耐脏"的行列。其实，白色设计的卫浴间不仅时尚，而且可以给人营造纯净、简约的空间环境，具有减压、降负的作用。

当然，为卫浴间的装修设计增添灵感不止上面的几种设计形式，每个人可以根据自己的喜好、个性自由发挥，但目的不外乎更方便使用，让人更加舒心，甚至彰显自己的生活品位。

第三节　卫浴间照明也有讲究

一提到卫浴间的照明，是不是很多人第一时间会想到酒店卫浴间的灯光氛围？酒店卫浴间主灯与其他灯具搭配设计营造的柔和、舒适的灯光效果，总会让人啧啧称羡。

大家在装修自己的卫浴间的时候，通常只会把重点放在卫浴间的防水性、防滑性等方面，无意间就会把卫浴间的照明设计忽略掉。很多人习惯在卫浴间只设计一个主灯，或者采用传统的吸顶灯与浴霸组合的设计方式。这种照明设计，不仅让卫浴间在视觉上看起来单调、乏味，而且也会降低卫浴间的空间使用率。

其实，只要人们愿意改变观念，愿意尝试创新，也可以把自己的卫浴间打造出酒店卫浴间的照明效果，营造柔和、舒适的灯光氛围，让卫浴间更方便生活。

从整体来说，卫浴间相较于其他空间的照明设计既不可以采用太白的灯光，也不可以采用太黄的灯光，灯光色温一般控制在3500K左右即可。否则，人在灯光下的肤色要么泛黄，要么苍白。

如果将卫浴间按照洗漱区、马桶区、沐浴区进行划分，那么卫浴间的照明设计就需要根据不同区域的需求进行有针对性的设计。

1.洗漱区

或许在男人的观念中，卫浴间的洗漱区只是用来洗脸、刷牙的地方，只需要重点关注灯光的色温即可。但是对于女人来说，洗漱区往往还承担着化妆打扮的责任，通常对光源的显色指数具有很高的要求。

图6-4 洗漱区照明设计

所谓显色指数是指光源对物体颜色呈现的程度，通常用字母Ra来表示指数值。如果说得通俗点，显色指数就是当物体被光源照射后，物体本身颜色所呈现的逼真程度。一般而言，显色指数越高，色彩的再现程度越逼真；显色指数越低，色彩的偏差也就越大。

从色温层面来说，洗漱区的照明设计可以控制在4000K。从显色指数层面来说，洗漱区的照明设计可以控制在Ra100左右。

当然，除了色温与显色指数的光源设计，在光源的布局上也要合理。通常可以在化妆镜的四周设计光源。这种光源布局设计相比在化妆镜的顶部或者侧面布局，能够带来更好的光源对照度和光线角度。这样的光源设计既不会让人的五官产生阴影，也不会让人的面部色彩看起来不自然。

2.马桶区

马桶区的照明设计是不是只需要安装一个灯泡就可以了？

回答肯定的人，对于马桶区的认知或者对于马桶区的作用的认知只停留在如厕上。然而，马桶区的作用并非只有如厕，很多人在如厕的时候喜欢坐在马桶上看书或者玩手机，所以马桶区的照明设计依然需要得到重视。

图6-5　马桶区照明设计

另外，由于很多人有起夜的习惯，所以不但需要在马桶区设计便于阅读的光源，而且需要设计夜灯，防止半夜突然打开比较明亮的光源时产生刺眼的不适感。

3.沐浴区

沐浴区是让人整个身体放松的地方，光源的设计上应以柔和为主。但是通常设计的浴霸或者顶部光源要么过于明亮，光线太强；要么光线较暗，照度过低，都无法带来均匀的光线。

图6-6　沐浴区照明设计

　　所以，除了在顶部设计光源外，也可以选择在沐浴区的墙壁上设计光源。这样，一方面可以补充顶部光源照度不足的遗憾，另一方面也可以有效消减顶部光源带来的阴影，甚至还可以为沐浴区营造氛围。需要注意的是，在墙壁设计光源的时候，需要注意光源的防水性、散热性，避免带来安全隐患。

　　由此可见，想要提高卫浴间的空间使用率，在卫浴间的光源设计上就需要和厨房的照明设计一样，不能仅仅依靠一个光源解决所有空间的照明问题。

第四节　舒适一刻从做好卫浴间收纳开始

有没有细数过一个小小的卫浴间里面究竟放置了多少物品？如果仅从常用物品来说，那么就包括了数十种，如洗发水、沐浴露、护发素、牙膏、牙刷、香皂、毛巾、浴巾、卫生纸、剃须刀、女性化妆用品等。

因此，在装修设计卫浴间的时候，不仅要考虑不同功能区的划分与布局，也要重点关注卫浴间的收纳空间设计，进一步提高卫浴间的空间使用率，提高卫浴间的实用性。

1.墙面收纳设计

图6-7　墙面吊柜收纳设计

在卫浴间的墙壁上进行储物柜或者吊柜设计是一种很常见的设计形式，但是需要注意的是储物柜或者吊柜柜门的设计尽量向上开，防止下开、左开、右开时碰头和占用卫浴间的空间。

除了在卫浴间墙面上设计吊柜或者储物柜，也可以在墙壁之间的拐角处设计置物隔板，或者利用包裹管路的墙壁，将平行于管道的墙壁做成储物格。这样不仅可以丰富卫浴间的收纳空间，也可以为卫浴间营造更加时尚的氛围。

2.浴室柜收纳设计

浴室柜似乎是每个卫浴间都不可缺少的一件家具，但是对于浴室柜的利用程度却是因人而异，因设计而异。

浴室柜的位置一般位于洗手台下方，如果利用程度比较高，不仅可以成为很实用的收纳空间，而且便于使用者取放。相反，则会成为鸡肋之地，造成卫浴间的空间浪费。

图6-8　浴室柜收纳设计

比较常规的浴室柜收纳设计是采用滑轨式双层抽拉隔板的形式，可以将不同的物品进行分类收纳，整洁且利用率也高。同时，也可以采用拉篮的设计形式，类似于厨房中的拉篮设计，可以收纳一些小物品，比如吹风机、剃须刀等。

3.附加收纳设计

附加收纳设计是指购买一些便于收纳的架子、框等，在墙面收纳设计、浴室柜收纳设计的收纳空间不足的情况下，可以进行有效替补。

比如，市面上经常会看到的一些不同材质（塑料、铁质、木质等）的收纳盒、收纳筐、置物架、收纳架等，可以购买一些放在需要的地方。这些物品造型比较美观，置于卫浴间不仅可以增加收纳空间，也可以作为一种装饰。

无论对卫浴间采取哪种收纳设计手法，都需要考虑到卫浴间独有的特点，比如潮湿、阴暗等，这类环境很容易成为细菌滋生的温床，为人们的健康带来隐患。所以，在卫浴间的收纳设计上应该以满足收纳需求为主，切忌收纳空间越多越好。

换句话说，在卫浴间的收纳设计上应尽量遵循简洁、实用的原则，让本就面积不大的卫浴间能够最大限度地保障开阔性。

第七章

餐厅装修设计：
在惬意中享受
美食

　　在众多户型中，餐厅与厨房、卫浴间一样基本都是面积不大的空间。然而，餐厅不仅是家人一起用餐的地方，也是家人之间经常交流、聚集的空间之一。因此，如何利用有限的空间实现更多的功能，如何通过装修设计营造简洁美观、舒适惬意的氛围，都是不得不考虑的问题。

第一节 根据整体装修风格设计

我们在前面的内容中已经讲述过家居装修设计的第一步是需要确定整体装修设计风格，包括现代简约、美式乡村、轻奢风格等。

餐厅的位置大多是与客厅连在一起的，于是其装修设计风格就要与家居的整体装修设计风格保持一致。否则，会让人感觉突兀，甚至产生格格不入的视觉感受。

1.现代简约风格餐厅设计

如果家居的整体装修设计选择的是现代简约风格，那么餐厅的装修设计也应该采用现代简约风格的设计手法。

单从风格上来说，现代简约风格也是当下装修行业的一种主流风格，很多人对此也比较青睐。现代简约风格在装修设计形式与手法上主要以简洁明快为主旨，从装修设计效果上来看，可以使空间更加干净、整洁，同时不失实用性、精致性、时尚性，甚至可以凸显主人的生活个性与格调。

图7-1 现代简约风格餐厅设计

现代简约风格餐厅的装修设计，多以白色、黑色、原木色等进行色彩搭配，餐桌餐椅的造型设计也通常以简洁为主，整体的设计线条比较流畅。在餐厅配饰方面，往往会摆放一些具有生机的鲜花或者绿植，墙面上会挂一些简单的装饰画。

例如，在餐厅中摆放一张造型简单且原木材质的餐桌，并搭配棕色的皮座餐椅，虽然餐桌餐椅都没有精美的雕刻，但会给人一种清新、稳重、大气的感觉。同时，由于墙面与地面均以亮白色装修设计，悬挂一幅无框现代抽象装饰画，便会给原本静谧温暖的餐厅空间增添一份简单舒适感。

2.北欧现代风格餐厅设计

如果家居的整体装修设计选择的是北欧现代风格，那么餐厅的设计也应该采用北欧现代风格的设计手法。

长期生活在繁华都市中的人，或许早已被大鱼大肉的生活折磨得失去了激情，迫切需要一个清幽之处来缓解精神压力，更希望回归清净、健康的生活。

图7-2　北欧现代风格餐厅设计

北欧现代风格的餐厅就是实现人们回归健康生活愿望的一种装修设计形式。北欧现代风格摒弃了虚华的设计手法，融合了北欧贴近自然与现代时尚简洁的特征，为餐厅空间营造了一种优雅的环境。

一般而言，北欧现当代风格的餐厅设计多采用素雅的颜色进行色彩搭配，比如白色、米色、绿色等。地面经常采用的是木质设计手法，墙面以浅淡的颜色为主，餐桌餐椅则是做旧的餐桌，或者是现代风格的浅色餐桌配以同色或者浅色的金属支架餐椅，彼此之间在视觉感上比较协调统一，同时点缀一些绿色的饰品，比如绿植等。

3.欧式风格餐厅设计

如果家居的整体装修设计选择的是欧式风格，那么餐厅的设计也应该采用欧式风格的设计手法。

试想一下，在淡雅的色彩，柔和的光线，洁白的桌布，华贵的线脚所营造的安静的餐厅氛围中吃饭，是不是会感觉更加轻松、自然呢？答案是肯定的，而这就是欧式风格餐厅设计所带来的效果。

图7-3　欧式风格餐厅设计

需要注意的是，欧式风格与北欧现代风格并不一样。欧式风格主要是受欧洲的传统文化和生活方式，尤其是欧洲的古典建筑的影响，将欧洲古典建筑中的一些风格与元素进行了延续。但是，这并不意味着采用欧式风格装修设计餐厅的时候，一定要完全照搬欧洲的古典建筑，而是将其精华部分运用到餐厅设计中。

欧式风格的餐厅在整体布局上通常比较规整。地面往往会采用抬高的设计形式，餐桌一般不会很大，以比较精致且偏小的矩形餐桌为主，同时在餐桌上摆放一些鲜花或者烛具，整体营造一种较为浪漫的用餐氛围。

4.轻奢风格餐厅设计

如果家居的整体装修设计选择的是轻奢风格，那么餐厅的设计也应该采用轻奢风格的设计手法。

图 7-4　轻奢风格餐厅设计

轻奢风格可以说是众多装修设计风格中深受很多年轻人追求和喜爱的设计风格。究其原因，轻奢风格可以重点凸显家居环境的品质感、设计感、舒适感、简约感等。然而，对于轻奢风格的理解就像我们在之前的内容中所讲述的那样，绝不是纯粹的奢华的体现，而是在时尚、简约、优雅的设计手法中适当融入一些轻奢华的元素，不关乎财富与地位。

所以，轻奢风格的餐厅设计主要以简洁、纯粹的线条为主，以浅色调进行色彩的搭配，时常也会融入一些木色、驼色、象牙白色等。这种搭配和设计不仅可以突出淳朴韵味，也会营造出时尚典雅的氛围。

其实，无论采用什么风格进行餐厅的装修设计，在整体布局、色彩搭配、造型设计等方面都不一定需要多么复杂，只要能够体现对生活细节的追求，对生活质量的尊重，对生活方式的享受，那么就是比较合适的餐厅装修风格设计。

第二节　根据餐厅面积大小设计

餐厅面积往往会与户型的总面积成正比：户型的总面积越大，餐厅的面积也越大；户型的总面积越小，餐厅的面积也越小。

以常规户型来说，餐厅面积一般包括几个范围区间，如4~8平方米、8~15平方米、15~20平方米。当然，如果是别墅户型，那么餐厅面积将会更大。我们这里仅以常规户型的餐厅面积来进行讲述。

既然餐厅面积有大有小，那么装修设计的时候就要采取不同的设计形式，让有限的餐厅空间更加实用。

1.4~8平方米餐厅

4~8平方米的餐厅一般在总面积低于90平方米的户型中比较常见，而且多属于两居室中的餐厅。

图7-5　餐厨一体设计

这种小面积的餐厅通常不适合进行独立设计，往往会采取与厨房连接在一起的设计方式，形成餐厨一体的布局。在这种布局形式下，要么将厨房设计为开放式厨房，要么将紧邻厨房的一条走廊设计为餐厅。

这种餐厅设计形式虽然比较局促，但也是比较合理的设计，能够充分借助厨房的空间来适当弥补餐厅空间。

2.8~15平方米餐厅

户型总面积在120平方米左右的房屋，餐厅面积一般在8~15平方米，多属于三居室中的餐厅。

图7-6　客餐一体设计

8~15平方米的餐厅的设计，往往是将其与客厅连接在一起，形成客餐一体的布局。这种设计布局相对比较宽敞，对于餐桌餐椅的选择性也会比较大，同时方便用餐者出入，提高了餐厅的便利性。

3.15~20平方米餐厅

15~20平方米餐厅多出现于总面积在150平方米以上的户型中，属于大三居中的餐厅。

图7-7　独立餐厅设计

　　这种大面积的餐厅一般可以设计为独立餐厅，也就是说可以单独设计一个空间或者是房间作为餐厅，不仅具有私密性，而且使用时的舒适感、便利性、实用性都会提高。

　　总之，餐厅的面积并不是固定的，往往需要根据户型面积的大小来决定餐厅面积的大小。然而，即便是小面积的餐厅，在设计的时候也需要考虑如何在餐桌的周边预留一定的互动空间，减少家人在使用时因为空间过于狭窄而出现频繁相互碰撞的情况。

第三节　餐厅装修设计注意事项

在不出意外的情况下，人们每天使用餐厅的次数应该不会低于三次，而且大部分时间是与美食一起出现在餐厅。因此，这就要求必须为餐厅营造良好的氛围，才能激起人们的食欲，不辜负美味的食物。

从上述内容中可以得知，独立餐厅可以提高用餐者的舒适度，但是一个真正具有良好氛围的餐厅，除了要有足够的空间之外，还应该对餐厅的照明、收纳、点缀等方面格外注意。

1.餐厅照明设计

餐厅照明设计主要以烘托氛围为主，多选择暖色调光源，同时利用灯光的光线进行空间的分割，在视觉上营造空间的高低以及纵深感。

图7-8　餐厅照明设计

以常见的餐厅照明设计为例，人们往往会在餐桌上方进行压低的吊灯设计，这样在重点对餐桌进行照明的同时，餐桌周边的空间会相对昏暗一些，便达到了用光线分割空间的效果。当然，吊灯的光源也应该以暖光为主，因为暖光更容易使人放松身心。如果光线比较明亮，往往会给人一种强烈的压迫感，使人身心紧张，降低食欲。

2.餐厅收纳设计

有人曾这样形容餐厅收纳的重要性："餐厅收纳做得好，胜过空间增加10平方米。"这种说法或许有点夸张，但也警醒了人们在进行餐厅装修设计时，收纳设计同样不容忽视。

对于餐厅设计来说，设计一定的收纳空间是必须的。可能有人会说，空间有限无法设计收纳空间，其实只要充分利用每一处空间并合理设计，有限空间也会被无限放大。

例如，在餐桌的一边设计餐边柜。在餐桌的一边是非承重墙的情况下，还可以设计嵌入式餐边柜。用餐边柜代替墙壁，同时也增加了收纳空间，可以将一些备用的餐具、微波炉等进行收纳，不仅取用方便，还会对餐厅起到一定的装饰作用。

图7-9　餐厅直线型卡座设计

除此之外，还有一种餐厅收纳设计形式——卡座设计。即改变传统餐桌餐椅的形式，将餐桌的一边或者三边设计为卡座，既可以设计为直线型卡座，也可以设计为U型卡座。卡座下方的空间可以设计为储物柜。

3.餐厅点缀设计

即便是一个只用于吃饭的地方，如果缺少了点缀装饰，也会让人感觉少了些什么，餐厅的整体格调便会打折。常用的餐厅点缀设计包括装饰画、小摆件、鲜花（干花）、瓷器等，恰到好处的点缀装饰，可以提升餐厅的格调。

图7－10　中式风格餐厅点缀设计

例如，中式风格的餐厅，想要体现中式传统韵味，重要的是追求神似而不是表象。因此，在点缀设计上可以采用中国传统字画、山水画、中国结等，利用现代设计与传统文化元素相结合的形式，充分体现中式风格的意境。

4.餐桌椅高度设计

常规的餐桌高度一般在0.7~0.76米之间，但是由于每个人的身高不同，每个人的肘部高度也不同，所以在餐桌的高度设计上通常需要以使用人的手臂处于放松状态和脊椎骨屈曲度不大为标准。也就是说，餐桌的高度设计应该略低于肘部高度。

餐椅的高度设计一般需要控制在0.45米左右。当然，因为人的身高问题，所以座椅的高度设计标准通常是人落座后，两脚平放在地面上时，大腿与小腿可以形成垂直状。

图 7-11　餐桌椅高度设计

　　由此可见，想要营造良好氛围的餐厅，应该同时满足人在视觉、触觉、感觉上的需求，时刻让人可以感受到舒适、温馨、惬意。

第八章

儿童房装修设计：以"成长性"为主

真正适合孩子的儿童房应该如何装修设计呢？

其实，在回答这个问题之前，我们首先应该弄清楚是否需要设置儿童房，因为很多家庭可能出于某种原因已经取消了儿童房区域的划分。然而，在条件允许的情况下，划分出孩子的专属房间还是很有必要的。

要知道，儿童房作为孩子的独立生活空间，对孩子的身心健康有很大的帮助作用。比如，有利于提高孩子的睡眠质量，有助于孩子养成良好的生活习惯，有助于孩子的性格培养。

从儿童房对于孩子的重要性中不难发现一个关键词——成长。其实，这也给出了"如何装修设计真正适合孩子的儿童房"这个问题的答案，即打造"成长性儿童房"。

图8-1 儿童房

那么，什么是成长性儿童房呢？从生理层面来说，孩子在成年之前的身体一直处于成长阶段；从心理层面来说，孩子的心理也将逐渐发展成熟。所以，成长性儿童房是指在装修设计孩子的专属房间时，不仅要满足孩子对于睡眠、活动、学习等基本要求，也要同时满足孩子不同阶段的生理与心理层面的需求，要尽可能地进行兼具功能性、舒适性、合理性、灵活性、科学性的装修设计。

第一节　安全第一

孩子不仅是祖国的花朵，也是家庭的希望，更是父母心中的宝贝。无论从哪个层面来说，为孩子提供一个良好的成长环境都具有必然性和必要性。

或许很多父母和孩子早已在心中为儿童房的装修设计规划了一个蓝图，但是任何想法、任何奇妙的设计，都必须以"安全第一"为前提。否则，会给孩子带来无法弥补的伤害。

1.保障空气环境安全

儿童房是孩子长时间使用的空间，在装修设计上应该尽可能地简约。这样做的目的，主要是减少各种材料的使用程度，降低不同的材料散发的有害气体对儿童房的环境造成污染，也可以减少对孩子的呼吸道带来的伤害。

相对来说，在具体装修设计过程中，采用水性油漆以及天然材料进行设计，往往会比胶水物质以及合成材料更有利于保障儿童房的环境安全。当然，在使用天然材料进行设计的时候，更多是应该选择天然木材而不是天然石材，因为石材通常会释放放射性气体氡，而且氡会在人吸入后发生衰变，甚至会对人的呼吸系统造成辐射损伤，严重者将引发肺癌。

一种有效的保障儿童房空气环境安全的措施，是对儿童房的装修设计进行室内空气质量预评价。这种方法可以对儿童房装修设计完成后的效果进行预测，还可以对最终的室内空气质量中的有害物质进行衡量与评定，使儿童房的空气质量得到最大保障。

2.降低磕碰坠落风险

大多数孩子都是活泼好动的，喜欢攀爬、跑动、玩耍等，这就要求在儿童房的装修设计中对儿童床、桌椅等尽量采取边角圆润的设计手法，将各个棱角尽可能地打磨平滑。同时，床的布局设计应该紧靠墙壁，如果无法靠墙进行设计，则需要设计侧挡，防止孩子在睡觉时因为翻滚而掉下床。

图8-2　儿童房家具圆角设计

　　除此之外，儿童房内的各种家具设计也应该遵循简约的原则，只设计孩子经常会用到的家具。当然，还有非常重要的一点，就是儿童房的窗户必须设计防护栏，给予孩子最大的安全保障。

3.保障孩子用眼安全

　　儿童房应该选择向阳的房间进行装修设计，保障房间具有充足的光照。光照时间长，不仅可以给孩子营造明亮的空间环境，而且也具有杀菌消毒的作用。

　　如果儿童房的布局设计并不是向阳的房间，那么也应该保证充足的采光。否则，孩子在独处时往往会产生恐惧和焦虑，失去安全感。

图8-3　儿童房采光设计

而在光线的设计上应尽量柔和，主灯的光线可以设计为向上照射，同时针对孩子的不同需求，比如学习、看书等要设计专用的光源，避免孩子的眼睛因为光源不足而受到伤害。

4.消除电源安全隐患

在常规的电源插座设计中，插座高度一般会低于0.5米。这种设计高度虽然提升了整体空间的美观度，但是对于孩子来说却是触手可及的高度，这将会非常危险。

所以，在儿童房的电源设计中，插座高度以及布局应该设计在孩子不会轻易触碰的地方，或者采用保护措施设计，如加装插座保护盖、防触电保护装置等，让孩子彻底远离用电隐患。

有孩子的家庭都应该设计一间儿童房，它可以让孩子更好地培养独立生活能力，但让孩子在儿童房健康成长的前提，一定是安全第一。

第二节　男孩房与女孩房配色大不同

在人们的视觉感受中，色彩的冲击往往会给人留下强烈的第一印象，进而将影响人们的心理感受，甚至会改变人们的生活方式和生活习惯。

以人们常见的色彩来说，比如粉红色、灰绿色、浅蓝色等，这些色彩因为明度、调和度、饱和度等不同，通常会让人在视觉上感受到不同的明暗、浓度、深浅等，从而让人们产生愉快、压抑、沉闷等感受。

儿童房陪伴孩子的时间不亚于父母，而且这个空间里面的环境和氛围关乎孩子究竟会养成什么样的性格、习惯等。所以，在儿童房的色彩搭配设计上同样容不得半点马虎，否则，将影响孩子的身心发育，阻碍孩子的健康成长。

例如，在儿童房的色彩搭配设计上采用与整体空间设计风格相互呼应且鲜艳、明亮、轻快的色彩，有助于孩子开放大脑思维，提升对色彩的辨识度、敏感度，刺激孩子的视觉发育。相反，如果采用深色系，如黑色等暗淡的色彩，则容易引发孩子躁动的心理，造成孩子内心烦躁、压抑的感受，久而久之，甚至会让孩子变得抑郁。

值得注意的是，孩子既有性别之分，性格习惯也不同。比如，女孩通常内向一些，采用对比强烈的色彩搭配设计往往更有益于孩子的神经发育；而男孩比较活泼，采用平淡一点的色彩搭配设计则更有助于孩子安静下来。

因此，针对不同性别的孩子，依然需要有针对性地进行儿童房的色彩搭配设计。

1.男孩房色彩搭配设计

从性格特征上来说，女孩普遍喜欢漂亮、含蓄一点的风格，而男孩则普遍喜欢酷帅、活泼一点的风格。

图8-4　男孩房色彩搭配设计

所以，在男孩房的色彩搭配设计上，应以冷色调为主色，如采用纯净的蓝色或者浅绿色做大面积的色彩搭配。蓝色以及绿色在人们的视觉体验中，往往会带来豁达、稳重、活力、生机、深奥等感受。

如果使用蓝色作为主色，那么在其他色彩的搭配上则可以选择白色、米灰色、砖红色等拉开儿童房的色彩明度差。

当然，如果孩子的年龄不同，可以根据不同的年龄段来设计色彩的搭配。例如，3~12岁的小男孩一般正处于活泼好动的成长阶段，针对这个年龄段小男孩的性格特征可以采用蓝色与绿色搭配设计的形式，为孩子营造充满活力的空间氛围；大于12岁的小男孩将逐渐进入青春期，性格上会逐渐趋向于稳重，则应以中性色对其房间进行搭配设计，包括卡其色、浅灰色、白色、咖啡色等，为孩子营造出一种沉稳又充满生活气息的空间氛围。

2.女孩房色彩搭配设计

一提到小女孩喜欢的事物，人们第一时间想到的往往是洋娃娃、粉红色等。的确，小女孩普遍是感性的，充满孩子气，而且渴望甜美梦幻的居住环境。

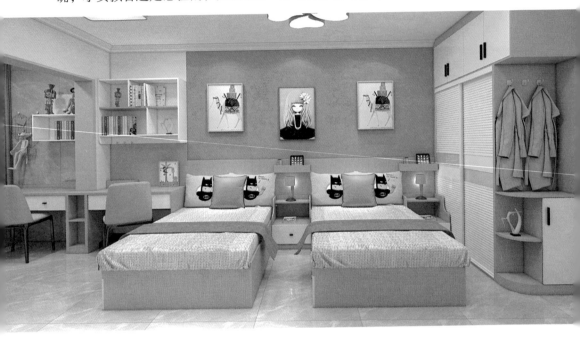

图8-5 女孩房色彩搭配设计

所以，女孩房的色彩搭配设计多以清新淡雅的淡黄色、淡粉色为主，再配以明快活泼、对比鲜明的色彩，如淡黄色、琥珀色、黄橙色等。这种色彩搭配设计不仅可以为女孩房营造精致温馨的氛围，视觉感上也会比较舒服，甚至可以营造一定的亲和力，给人一种时时惹人怜爱的感受。

然而，如果过多采用粉红色也会造成一种过于甜腻的环境氛围，所以在点缀物或者床品、家具的颜色选择上，可以采用一些鲜明活泼的跳色进行搭配设计。比如，床的颜色设计为浅木色，用白色设计衣柜门，或者悬挂桃红色的装饰画等，有助于缓解使用过多的粉红色带来的甜腻感，同时也能突出粉红色主题展现的层次感。

总之，采用欢乐、轻快的色彩对儿童房进行搭配设计，有助于激发孩子的想象力、创造力，为孩子的健康成长打下良好的基础。

第三节　划分好不同区域

一旦决定为孩子装修设计一间专属的儿童房，那么每对父母都必将用尽心力，希望将最好的事物给到孩子。

然而，一间有利于孩子健康成长的儿童房不仅需要注重安全性，做好色彩方面的搭配设计，也要做好空间上的布局划分。无论儿童房的面积是大还是小，只有合理、科学地划分出休息区、学习区、活动区，才能让孩子更好地休息、学习和玩耍，从而养成良好的生活习惯。

如果从设计造型上来说，儿童房休息区、学习区与活动区的布局可以划分为三种：第一种是对称型区域布局，即将休息区与学习区分别靠墙相对设计，而空出来的中间区域则可以设计为活动区；第二种是一字型区域布局，即将休息区与学习区靠墙设计在一条线上，休息区与活动区一侧的剩余空间都可以设计为活动区；第三种是上下型区域布局，即选择一面墙壁进行双层设计，上册可以设计一张单人床作为休息区，床的下方可以设计书桌作为学习区，其他剩余空间则可以设计为活动区。

与此同时，对于每个区域的划分也需要进行合理设计，通常要以实用、便利为主。

1.休息区

休息区的主要作用是睡觉，尤其是对于成长期的孩子来说，必须保证良好的睡眠质量。所以，休息区的设计要让孩子上下床比较方便，而且要尽量做到能够让孩子自己上下床，这样有利于培养孩子的独立能力。因此，床的设计要么低矮，要么设计方便孩子攀爬的梯子等，床头应尽量朝东摆放，避免清晨太阳升起时孩子的眼睛被阳光直射，保证孩子有充足的睡眠时间。

图8-6　休息区设计

2.学习区

图8-7　学习区设计

孩子的教育可谓是揪着天下所有父母的心，有些父母在孩子出生之前就开始了准备工作，甚至有很多父母参加了胎教。

正所谓"三岁看大，七岁看老"，从小就培养孩子的学习观念是一种非常正确的选择。那么，儿童房的学习区究竟应该如何设计，才能最大限度地激起孩子的学习兴趣呢？

普遍的设计方式是在儿童房放置一组学习桌椅，但这种设计方式只能让孩子简单地看书写字，并不会起到激发孩子学习兴趣的作用。其实，小孩子对于看书写字不是很感兴趣，而且学习也不一定局限于看书和写字。例如，很多小孩子喜欢涂涂画画，这时候不妨给孩子设计一面黑板墙，给孩子提供随意发挥想象空间的同时，也可以教孩子在黑板墙上写一些拼音或者汉字。这样的学习区相比简单的学习桌椅的组合往往更能够激发孩子的学习兴趣。

除此之外，儿童房学习区的设计也需要注重采光性。因此，学习区应该设计在临近窗户的位置，为学习区带来充足的光源，既可以保护孩子的眼睛，也可以营造舒适、放松的学习环境。

3.活动区

图8-8　活动区设计

活动区主要是孩子嬉戏玩乐的场所，但并不是让孩子一味地打闹，而是让孩子通过活动活跃大脑，提升动手能力，充分挖掘创造潜能。

由此可见，活动区的设计不仅要注重给孩子提供自由、自在的空间，还要注重趣味性、创造性等。例如，在男孩的儿童房可以设计一个玩具汽车的赛道，培养孩子的竞技精神。总之，活动区如何设计，需要多观察孩子的兴趣，依据孩子的兴趣为其设计不同的想象空间、创造空间。

儿童房不同于其他空间，注重设计感的同时，更重要的是满足孩子健康成长的需求。孩子喜欢的儿童房，才是设计合理的儿童房。

第四节　重中之重——做好收纳

"妈妈，妈妈，你把我最喜欢的那件运动服放哪里了？"

"妈妈，妈妈，你把我昨天拼好的积木放哪里了？"

"妈妈，妈妈，你把那本格林童话放哪里了，我还没看完呢？"

"妈妈，妈妈……"

如果你的孩子经常问你这些问题，那么就说明儿童房的收纳没有设计好，从而导致物品经常性地乱堆乱放。

既然儿童房是一个多功能性的空间，必然会容纳很多物品，如孩子的衣物、各种学习用品、各种玩具等。尤其是孩子的玩具，因为孩子不仅会得到父母的疼爱，爷爷奶奶、姥姥姥爷更是对其疼爱有加，所以孩子喜欢的玩具基本都会购买，以至于很多孩子的玩具达到数不胜数的程度。

试想一下，一个失去收纳功能的儿童房将会多么杂乱不堪？为儿童房设计收纳空间是不容置疑的。为儿童房设计强大的收纳空间，也有利于提高孩子的整理能力和统筹能力。

1.设计床头收纳空间

通常情况下，由于儿童床的空间并不是很大，所以可以在床头位置设计收纳架或者抽屉。这样一来，孩子在睡觉前看的书或者玩过的玩具等都可以随手收纳起来。当然，更重要的是，可以培养孩子养成睡前阅读的好习惯，同时也不会让一些小东西乱丢、乱放。

图 8-9　床头收纳空间设计

2.设计床底收纳空间

利用床底空间设计收纳功能，很多人应该马上会想到设计榻榻米床。诚然，榻榻米床独特的造型设计，充分利用了床底空间，尤其是格子形状的榻榻米，瞬间将儿童房的收纳空间放大了很多倍，换季的衣物、被褥等都可以进行收纳。

同时，榻榻米的一侧也可以设计为储物柜，而且由于空间较大，可以设计多个专门收纳不同物品的储物柜，让孩子从小就学会如何分类整理。

3.设计角落收纳空间

如果将儿童房中的各个犄角旮旯充分利用起来，也可以增加不少收纳空间。例如，在墙角处设计几个搁板，一些装饰物便找到了容身之所。

4.设计飘窗收纳空间

如果儿童房带有飘窗，那么不仅可以将飘窗设计为孩子的休闲区，也可以在飘窗的一面墙壁上设计开放式收纳柜，而且飘窗的下方也可以设计储物柜。由于飘窗的位置一般比较低，所以也会方便孩子取放各种物品。

当然，如果儿童房的空间确实有限，那么也可以利用墙壁空间进行收纳设计。常规的设计手法是在墙壁上做几个小木盒或者钉上几层搁板，既可以起到收纳物品的作用，也可以起到展示的作用，甚至可以作为书架来使用。

然而，无论是什么样的收纳空间设计形式，都应该遵循实用、便利的原则，即尽量根据休息区、学习区、活动区设计不同的收纳空间，让孩子可以随手将相关物品进行整理收纳。同时，因为儿童房应该尽量充满童趣，所以对于收纳空间的设计也应该最大限度地充满趣味性，引起孩子主动收纳的兴趣。

可以说，儿童房的整洁与干净很大程度上取决于孩子是否具有自觉性。作为父母除了通过趣味性的设计激发孩子的主动性之外，也应该给予及时的引导，让孩子真正养成独立自主的生活习惯。

图8-10　飘窗收纳空间设计

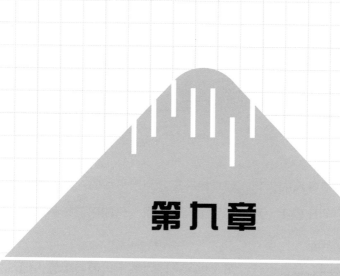

第九章

阳台装修设计：
小空间，大
规划

拥有阳台是很多人的梦想，但是能够充分利用阳台的人并不多。在很多人看来，阳台空间比较小·发挥不了很大的作用，只能用来晾晒衣物，把阳台仅仅打造成了生活型阳台。

其实，只要精心装修设计，阳台也可以成为实用价值与观赏价值并存的服务型阳台。

图9-1　阳台常规设计

<h1>第一节　选择封闭式阳台还是开放式阳台</h1>

虽然阳台在整个户型中所占据的空间面积一般都不是很大，但也是不可分割的一部分。没有阳台的房子，采光性往往会大大降低，尤其是遇到阴雨天气，整个房子都会更加阴暗。

阳台在整个房子中的作用越来越重要，在实际装修设计的时候，也让很多人头疼不已。众所周知，阳台的装修设计可以划分为开放式阳台和封闭式阳台，有人说开放式阳台好，也有人说封闭式阳台好，所以很多人在设计开放式阳台还是封闭式阳台上乱了阵脚。

其实，在决定设计开放式阳台还是封闭式阳台之前，不妨先了解一下两者的优缺点，弄明白了两者的区别，自然可以做出恰当的选择。

1.封闭式阳台

封闭式阳台是指利用玻璃窗户等将整个阳台进行密封设计，这也是比较常见的一种封闭阳台的形式。

从优势方面来说，封闭式阳台具有提高实用性、安全性、整洁性等优点。

（1）提高实用性

封闭后的阳台完全可以作为室内空间进行利用，如果在阳台设计健身设备，阳台便成了一间健身房；如果在阳台设计书桌，阳台则成了一间书房；如果在阳台养殖一些花花草草，阳台也可以作为一间花房；如果户型面积本身比较小，那么在阳台设计一张榻榻米床，便可以作为一间小型卧室。总之，封闭后的阳台属于一个独立的空间，可以有效增加房子整体的使用面积。

（2）提高安全性

将阳台进行封闭后，就犹如为房子又增设了一道防护网，有效降低了高空坠落

171

的风险。尤其对于家中有小孩的人来说，采用封闭式阳台设计，可以给孩子提供更有效的安全保护，同时也可以降低家中被盗窃造成财物损失的风险。

（3）提高整洁性

阳台一旦实施封闭设计后，无论出现什么样的天气情况，哪怕是春天喜欢刮大风的季节，也可以将风沙、尘埃等阻挡在外面。同时，也可以起到一定的隔音效果，不仅可以让家中的环境更加整洁、干净，也会营造更加安静的环境。

从劣势方面来说，封闭式阳台具有降低采光性、美观性、舒适性等缺点。

（1）降低采光性

阳台被封闭后，必然会遮挡一部分阳光的照射，降低室内空间的采光性。除此之外，由于密封的原因，也会为室内空气的流通造成阻碍，无法及时获得新鲜空气，而且在夏天会导致室内更加闷热。

（2）降低美观性

封闭后的阳台虽然提高了使用空间，但是在视觉上没有了开阔感，容易使人产生压抑感。同时，由于封闭阳台时每个人的喜好不同，使用的材料也会各异，所以整体上会造成杂乱感，失去了协调统一性，整栋楼的美观度也将随之打折。

（3）降低了舒适性

由于阳台封闭后会减少阳光的照射时长，从而也就降低了利用阳光中的紫外线进行杀菌的作用，加之厨房的油烟一旦弥散到室内也不会被轻易排出。久而久之，当室内的异味越来越浓，细菌滋生越来越多，人们居住的舒适性也将逐渐消失。

与此同时，封闭式阳台在安全性方面也并不是绝对的。虽然封闭后的阳台可以提高防止坠落的安全性，但是一旦遇到紧急情况，比如发生火灾等，通过阳台救援或者逃生的可能性也就降低了。

2.开放式阳台

开放式阳台是指只通过护栏起到保护作用的阳台，比较常见的开放式阳台的布局为一面与客厅或者卧室相连，一面只有护栏，其他两面分别为墙壁。

从优势方面来说，开放式阳台具有提高采光性、通风性、休闲性等优点。

（1）提高采光性

未封闭的阳台，可以让人直接享受"阳光浴"，可以让室内空间最大限度地被阳光照射，并增加照射时长。尤其是在冬天，暖暖的阳光照射进来，视觉上就会感觉很温暖。

（2）提高通风性

开放式阳台无论是与卧室相连还是与客厅相连，只要将相连的门打开，同时将北面（南北通透的户型）窗户或者门打开，室内的空气便会很快流通起来，不仅可以提高室内的通风性，更是有效提高了室内的空气质量。

（3）提高休闲性

在开放式的阳台设计一个休闲区，比如放置一张茶桌，两把椅子，便可以悠闲地品茶、聊天。或者，在阳台中放置一把躺椅，夏天的晚上乘凉，冬天的中午晒晒太阳，都是一种令人羡慕的生活。

从劣势方面来说，开放式阳台具有降低保护性、便利性等缺点。

（1）降低保护性

由于开放式阳台多是采用防护栏进行设计，并没有防盗窗等，所以很容易造成家中失窃情况的发生，导致家庭财物损失。如果家中有小孩子，同样会带来很大的安全隐患。

（2）降低便利性

如果人们在开放式阳台中晾晒衣物等，一旦遇到突变天气，比如突然刮风或者下雨，衣物很容易被吹落到楼下或者被淋湿，导致人们不得不重新清洗晾晒，为生活增加了麻烦。

由此可见，无论是开放式阳台还是封闭式阳台，都有其显著的优势，同时也都各自拥有不可忽视的劣势。那么，究竟应该选择开放式阳台还是封闭式阳台呢？

其实，每个人或者每个家庭的情况并不一样，只要结合自己的实际，能够满足自己需求的阳台就是合适的阳台。

如果你的家里有小孩子，而且所处小区的人群比较复杂，保安措施不是很好，那么选择封闭式阳台比较合适；如果你购买的户型面积本身比较小，而且家庭成员较多，那么也可以选择封闭式阳台来扩大室内空间；如果你是一个比较爱干净、喜欢安静的人，或者是懒于打扫的人，那么不妨也选择封闭式阳台来享受静谧的生活；如果你的经济条件不是很好，而又想住大一点的房子，则可以选择开放式阳台。很多开发商已经建好的开放式阳台，往往会按照开放式阳台面积的一半来计算，这就意味着你只花了一半的钱，购买了整个阳台。

当然，如果从地域方面来说，北方近几年雾霾比较严重，更适合封闭式阳台；而南方则可以选择开放式阳台。

第二节 阳台装修要点

在家居装修设计的时候，很多人将重点放在了客厅、卧室，甚至是厨房和卫浴，从上面的内容中可以得知，阳台也是可以发挥"余热"的。注意阳台装修设计的细节，规避阳台装修设计的一些误区，阳台的实用性也会被放大。

1.明确阳台的功能性

大部分的户型中都会有阳台，但是在阳台装修设计之前，必须先确定阳台的功能性，也就是将阳台作何使用，是晾晒衣物还是休闲娱乐，是作为卧室还是作为茶室？只有确定了阳台的功能性，才能有的放矢，对阳台进行更有针对性的装修设计，提高阳台空间的使用率。

图9-2 阳台工作区设计

2.考虑阳台的安全性

关于阳台的安全性，我们在上面的内容中已经有所讲述，而且阳台的安全性也需要依据开放式还是封闭式来确定，所以在装修设计之前确定好阳台的设计形式后，再进行安全方面的提升。

如果是封闭式阳台设计，那么其保护家人的安全性自然会高于开放式阳台；如果是开放式阳台设计，则需要设计防护栏，而且护栏高度一般需要高于1米。

3.关注阳台的承重性

由于阳台的结构比较特殊，一般都是处于悬空状态，其承重能力相比其他空间往往会更低一些。因此，在装修设计的时候，一定不要将大量物品堆放在阳台，或者说切忌将阳台设计为杂物间，以免带来安全隐患。

4.检查阳台的封闭性

如果将阳台封闭后，或者购买房屋时开发商已经进行了封闭，那么需要对阳台的整体封装质量进行检测。一旦阳台封装质量不达标，每逢刮风下雨的天气，就会向室内钻风漏雨，尤其是在冬季，将严重降低室内温度。

5.注意阳台的隔热性

开发商在交房时，有的开发商会对阳台加设保温隔热层，有的开发商则不会加设保温隔热层。所以，在装修设计阳台时，对于没有加设保温隔热层的阳台需要进行重新加设。否则，一到夏季整个室内的温度会非常高，犹如蒸笼一样，让人感觉非常不舒服。

6.做好阳台的防水性

由于阳台本身就是三面凌空的结构设计，再加上很多家庭喜欢将洗衣机等设计在阳台，所以阳台几乎是所有空间中与水打交道最多的一个空间。因此，无论是阳台的外面，还是内部的墙面和地面都要做好防水，避免雨水、污水等长时间侵蚀而造成安全隐患。

7.规避阳台的单一性

无论是选择开放式阳台还是封闭式阳台，如果只针对阳台的某一种功能进行设计，也会从某种程度上造成阳台空间的浪费。其实，阳台要么是与卧室相连，要么是与客厅相连，如果将其与卧室或者客厅进行整体设计，往往会达到意想不到的效果。例如，将阳台的与电视墙打通，那么客厅空间在视觉上将会更加开阔。

实际上，阳台就犹如人们经常所说的"麻雀"，但是只要合理规划，科学布局，巧妙设计，阳台同样可以实现"麻雀虽小，五脏俱全"的效果。

第三节　阳台设计风格搭配

阳台相对于其他室内空间来说具有得天独厚的优势。因为阳台是室内空间的延伸，是与外部空间的过渡，是与大自然亲密接触的场所，是呼吸新鲜空气的首选之地，所以也使得越来越多的人对阳台的装修设计格外关注。

于是，很多人在装修设计阳台的时候会寻找并参考大量的案例，或者买大量的装修杂志参考上面的效果图。的确，无论是别人装修完成的案例，还是杂志上的效果图，都非常漂亮，但是完全复制下来的案例或者效果图不一定适合自己家的阳台。因为想要阳台呈现更好的效果，首先要与家居的整体装修设计风格统一，否则，就会给人一种不协调感。

下面，就简单介绍几种常见的阳台装修设计风格，如果家居的整体装修设计风格与之相配，便可以作为参考。

1.欧式风格阳台装修设计

从阳台的空间面积上来说，欧式风格装修设计比较适合大面积的阳台，而且经常会将阳台设计为休闲区，比较适合打造开放式阳台。

例如，在阳台中间摆放简约造型的布艺沙发，并点缀一些花卉，同时采用欧式的拱顶与门窗设计，便会将欧式的大气浪漫、复古气息、奢华情调等体现得淋漓尽致。

图9-3　欧式风格阳台设计

2.日式风格阳台装修设计

日式风格的装修设计通常也是将阳台打造为悠然自得的休闲区。但是日式风格讲究简洁、素朴与细节，所以在阳台的整体布局上需要精心设计，适合打造封闭式阳台。

图9-4　日式风格阳台设计

例如，可以选择阳台的一角，在地面上铺设色彩淡雅的鹅卵石，并在一侧的墙壁上设计一盏浅米色的壁灯，同时在鹅卵石的一侧设计一个水缸，里面可以养一些小鱼。这样的设计便将阳台打造成了一个具有观赏性价值的阳台，下班后可以来到阳台光脚踩在鹅卵石上缓解一天的劳累感，同时也可以喂喂鱼，享受恬静、自在的生活。

3.地中海风格阳台装修设计

地中海风格的装修设计适合打造开放式阳台，通常会将阳台设计为休闲区。这也是受到地中海风格的几个要素的影响。

例如，提到地中海风格，人们脑海中想象到的画面必然是蓝天、大海、白云等。所以，在采用地中海风格设计阳台的时候，就要注重蓝色、白色等色彩的搭配设计，以及盆栽植物的点缀，同时也要加入地中海风格独有的拱形设计元素。

4.法式风格阳台装修设计

法国是很多人向往的地方，因为这个国度是名副其实的浪漫发生地，所以采用法式风格装修设计适合打造开放式阳台，而且多以休闲区或者花房进行设计。

例如，在色彩的搭配设计上可以多选用一些亮丽的糖果色，而且窗帘的设计要避免厚重，要以轻盈为主，同时阳台的吊顶可以采用葡萄架的设计形式，这样才能更加彰显法式浪漫的田园风情。

5.中式风格阳台装修设计

中式风格的装修设计一般适合打造封闭式阳台，因为中式风格讲究的是稳重、大气，追求的是修身养性，所以可以设计为书房或者茶室。

例如，中式风格主要是对中国古代建筑特征以及中国传统文化元素的浓缩与传承，在设计上比较注重古典韵味的再现，多以假山、盆景、陶器、茶器等设计手法为主。

图9-5 中式风格阳台设计

其实，无论哪种风格的装修设计，都会有人喜欢有人不喜欢，所以在阳台具体的装修设计风格上，还是要取决于家居的整体风格以及人们的喜好。

品 味 现 代 生 活

打 造 舒 适 家 居

"Make things as simple as
possible, but not simpler.
See this ...it is normally
taken to be a warning
against too much simplicity.